TRAITÉ
D'AGRICULTURE
ÉLÉMENTAIRE ET PRATIQUE

PARIS. — IMP. SIMON RAÇON ET COMP., RUE D'ERFURTH, 1.

TRAITÉ

D'AGRICULTURE

ÉLÉMENTAIRE ET PRATIQUE

A L'USAGE DES ÉCOLES PRIMAIRES

PAR

G. LAURENÇON

L'agriculture est la base la plus sûre
du bonheur et de la richesse d'un pays.
(PUVIS.)

**Ouvrage couronné par la Société impériale d'agriculture
d'histoire naturelle et des arts utiles de Lyon**

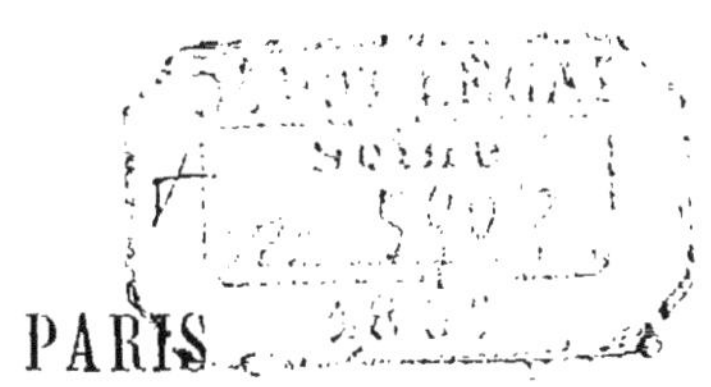

PARIS
LIBRAIRIE AGRICOLE DE LA MAISON RUSTIQUE
26, RUE JACOB, 26

TRAITÉ
D'AGRICULTURE
ÉLÉMENTAIRE ET PRATIQUE

CHAPITRE PREMIER

AGRICULTURE — AIR — EAU — CHALEUR — LUMIÈRE SÈVE — CLIMAT

Agriculture.

L'*agriculture* est l'art de cultiver la terre : son but principal est d'en obtenir les plantes utiles à l'homme et aux animaux.

Ces plantes ont une vie, une existence, pendant laquelle elles se nourrissent, croissent et se reproduisent ; l'acte qui accomplit leur développement s'appelle *végétation*.

Les principaux agents de la végétation sont : l'air, l'eau, la chaleur, la lumière.

Air.

L'*air* forme, autour de la terre, une enveloppe qui a reçu le nom d'*atmosphère*.

Il est composé de deux gaz appelés oxygène et

azote ; le premier forme à peu près le cinquième de son volume, et le second les quatre cinquièmes. On trouve aussi dans sa composition une petite quantité d'acide carbonique et quelques vapeurs aqueuses.

L'*oxygène* est un des agents les plus actifs de la vie ; on en trouve presque dans tous les corps ; il est indispensable à l'existence des animaux et des plantes ; sans lui, la respiration, la germination, la combustion, la fermentation sont impossibles ; il s'en fait donc dans la nature une immense consommation.

Ce sont les végétaux qui fournissent à l'atmosphère une partie de l'oxygène qu'il contient : en effet, sous l'action de la lumière, ils décomposent l'acide carbonique, s'emparent du carbone qui leur est nécessaire pour développer leurs tissus, et laissent libre l'oxygène.

L'*azote* est un gaz destiné à tempérer la trop grande énergie de l'oxygène, qui aurait bientôt épuisé les forces des animaux et des plantes, s'il agissait seul ; de plus, il est absorbé par les végétaux.

L'*acide carbonique* est un gaz composé d'oxygène et de carbone ou élément du charbon ; cet acide se trouve en très-grande quantité dans la nature ; la combustion du charbon, la fermentation et la décomposition des substances animales et végétales, la respiration des animaux le produisent. Il se trouve aussi dans les entrailles de la terre ; dissous dans l'eau qu'il y rencontre, il s'échappe avec force au contact de l'air et produit ce petillement que l'on remarque dans les eaux gazeuses.

L'air contient aussi quelques vapeurs aqueuses qui, en se condensant, donnent naissance aux nuages, à la rosée, à la pluie.

Eau.

L'eau est composée d'oxygène et d'un autre gaz appelé hydrogène.

Elle est indispensable à la vie des plantes; elle dissout les substances qui les nourrissent, décompose les engrais, sert d'aliment aux racines, divise le terrain et le rend plus perméable à l'air. Mais, quand elle est en excès dans le sol, elle fait pourrir les germes des plantes; ou bien, les racines restant en contact avec une humidité stagnante, produisent une végétation incomplète, ou ne laissent venir que des herbes inutiles.

Le cultivateur devra donc donner à la terre l'humidité qui peut lui manquer, ou lui enlever celle qui serait trop abondante; il obtiendra le premier résultat par les irrigations ou arrosages, et le deuxième par le drainage ou desséchement.

Chaleur.

La chaleur vient du soleil, se manifeste dans toutes les directions, et nous arrive sous la forme de rayons lumineux.

Ces rayons pénètrent la terre, l'échauffent, favorisent la germination des graines, en donnant naissance à des gaz nécessaires à la vie végétale, activent la circulation de la séve, et contribuent surtout à la maturité des fruits.

Tous les végétaux n'exigent pas pour croître le même degré de chaleur; les uns vivent dans les sables brûlants des pays chauds, d'autres se contentent du climat des provinces les plus froides.

L'agriculteur est donc obligé d'étudier leurs goûts, leurs habitudes, leurs besoins, s'il ne veut pas éprouver de cruelles déceptions dans ses entreprises.

Lumière.

La lumière fortifie les jeunes tissus des plantes, active la végétation, facilite la coloration des rameaux et des feuilles, et augmente l'arome des fleurs et la saveur des fruits.

Elle est donc nécessaire aux plantes : celles qui naissent dans l'obscurité, s'étiolent bien vite; les tiges molles et blanches n'ont bientôt plus la force de se soutenir et ne tardent pas à se décomposer et à périr.

Séve.

La séve est un liquide incolore, limpide, que les végétaux puisent dans la terre par leurs racines et dans l'air par leurs feuilles; elle est composée d'oxygène, d'acide carbonique, d'azote, et de quelques matières minérales et végétales.

C'est la séve qui porte dans les organes des

arbres et des végétaux les éléments qui les nourrissent; absorbée par les racines, elle monte par les vaisseaux séveux, par le corps ligneux, et va jusqu'aux bourgeons, aux feuilles, aux fleurs, aux fruits. Arrivée à ces extrémités, elle se trouve en contact avec celle que les feuilles ont puisée dans l'atmosphère. Là, elle se transforme, s'épaissit, et, devenue plus nourrissante, elle descend dans les rameaux par les jeunes couches du bois et de l'écorce, surtout par l'aubier, ce jeune bois qui est sous l'écorce.

La séve suit donc deux mouvements en sens inverse : l'un par lequel elle s'élève des racines vers les feuilles; c'est la séve ascendante : l'autre, qui la ramène des feuilles vers la racine, c'est la séve descendante.

Climat.

On désigne sous le nom de climat la température propre à une contrée. On a partagé la France en trois climats généraux : celui du midi ou climat chaud, comprenant les départements situés depuis les Pyrénées jusqu'à une ligne qui serait tracée de Bordeaux à Valence.

Celui du centre, ou tempéré, comprenant les pays au-dessus de cette ligne jusqu'à Paris;

Celui du Nord, ou froid, formé des départements situés au-dessus de Paris.

Mais, dans chacune de ces divisions, se trouvent des climats bien différents les uns des autres; ces différences ont pour causes principales : le dégré moyen de chaleur, les vents qui dominent, l'abondance des pluies, la persistance des brouillards, le séjour prolongé des neiges, le voisinage des montagnes, la hauteur du sol au-dessus du niveau de la mer, l'exposition des terrains.

CHAPITRE II

SOL — TERRES

Sol.

Le sol arable est la couche végétale, qui est façonnée par les labours et qui fournit aux plantes leurs principaux aliments.

Sous cette première couche il en existe une autre qui est impropre à la végétation, parce qu'elle n'a pas été fertilisée par l'air comme celle qu'on a divisée par les labours et améliorée par les amendements et les engrais : on l'appelle *sous-sol*. On dit que le sous-sol est perméable, lorsqu'il laisse passer facilement l'eau ; et qu'il est imperméable, lorsqu'il la retient fortement.

Le sol se compose de trois substances principales : l'alumine, la silice et le carbonate de chaux.

L'alumine est une substance blanche, insoluble, qui porte généralement le nom d'argile. Combinée avec d'autres corps, elle forme la base de la porcelaine, de la faïence, de la brique, de la tuile.

La silice est un acide formé d'un métal appelé

silicium ; le sable, les cailloux, la pierre à feu, le cristal de roche sont de la silice presque pure.

Le carbonate de chaux ou calcaire est une substance ordinairement blanchâtre, qui bout quand on l'arrose avec du fort vinaigre ; cette substance est très-répandue dans la nature ; les pierres à chaux, les moellons à bâtir, les pierres de taille sont du calcaire plus ou moins pur. On le trouve aussi dans les os des animaux.

Ces trois substances, dont nous venons de parler, ne pourraient pas suffire seules et isolées à la vie végétale ; il faut qu'elles se mélangent, et que ce mélange contienne encore de l'eau, quelques sels, et une autre substance appelée humus.

L'*humus*, désigné quelquefois sous le nom de terreau végétal, est une matière brune ou noirâtre, légère, qui se réduit facilement en poussière, lorsqu'elle est sèche ; molle et douce au toucher, quand elle est humide. Il est formé par la décomposition des plantes et des animaux, et constitue la partie la plus riche du sol : les récoltes sont d'autant plus abondantes que le sol arable et le terreau végétal ont plus d'épaisseur.

Division des terres.

Les terres ont été divisées en trois classes : 1° les terres *argileuses ;* 2° les terres *siliceuses* ou *sablonneuses ;* 3° les terres *calcaires*. Elles renferment ordinairement deux ou même les trois éléments réunis ; on les désigne, en mettant le premier le nom de l'élément qui domine. Ainsi, une terre, qui renferme plus d'argile que de silice, s'appelle argilo-siliceuse.

Les terres *argileuses* ont pour base l'alumine associée à une portion plus ou moins forte de silice.

Lorsqu'elles ne contiennent qu'une faible quantité de sable, elles sont humides, froides, retiennent l'eau trop fortement. Elles se pétrissent facilement sous les doigts, et se crevassent par une trop grande chaleur.

Ces terres, d'une couleur blanchâtre, sont assez rebelles à la culture ; par les temps de pluie, elles forment une pâte tenace que la charrue soulève avec peine et qu'elle ne divise pas suffisamment ; en été, elles deviennent d'une dureté insurmontable.

Si la silice s'y trouve mélangée en quantité assez grande, elles deviennent plus faciles à travailler, et, convenablement fumées, elles sont productives. Elles s'appellent alors argilo-siliceuses.

Si le carbonate de chaux s'y trouve mélangé en quantité assez appréciable, elles prennent le nom de *argilo-calcaires*. Les terres de cette nature possèdent au plus haut degré la propriété de produire les céréales et les plantes les plus utiles.

Les terres *siliceuses* ou *sablonneuses* ont pour principal élément la silice ou le sable. Elles sont généralement jaunes ou brunes, légères, faciles à travailler. Elles ne demandent pas des labours trop répétés, parce qu'elles se laissent facilement pénétrer par les racines. Mais, comme elles ne retiennent pas l'eau indispensable à la végétation, elles sont plus exposées à la sécheresse.

Les terres *calcaires* ont pour base la chaux; elles sont ordinairement blanchâtres. On les reconnaît facilement à l'espèce d'ébullition produite, lorsqu'elles sont arrosées avec du vinaigre fort. On doit les labourer profondément, pour leur donner la faculté de retenir autant que possible l'humidité. Les engrais froids des bêtes à cornes leur conviennent; mélangées à une quantité suffisante d'argile et de sable, elles deviennent très-fertiles et constituent les terres appelées *terres franches*.

Terrains tourbeux.

Les terrains tourbeux sont noirs ou bruns; ils sont formés par la décomposition encore incomplète de certains végétaux dans l'eau. Ils renferment un excès d'humus, qui par son acidité les rend impropres à la végétation.

Pour les rendre fertiles, il faut, après les avoir desséchés par des fossés d'écoulement, les labourer souvent et y mêler des substances, la chaux par exemple, qui puissent activer la décomposition des végétaux.

Terrains d'alluvion.

Les terrains d'alluvion sont formés par les débordements des fleuves et des rivières. Dans les inondations, les cours d'eau déposent sur le sol des matières enlevées aux terrains qu'ils ont traversés. Ces matières forment des couches, qui augmentent insensiblement, et qui finissent par constituer des sols généralement fertiles.

CHAPITRE III

ENGRAIS

On désigne sous le nom d'*engrais* les débris d'animaux et de végétaux, qui, en se décomposant, fournissent des produits liquides ou gazeux propres à la nutrition des plantes. Ils ont pour but de rendre à la terre une partie des principes ou éléments que les récoltes lui ont enlevés et de perpétuer ainsi sa fertilité.

On peut les classer en trois sections : les *engrais végétaux*, les *engrais animaux*, les *engrais mixtes* ou *fumiers*.

§ 1. — ENGRAIS VÉGÉTAUX.

Dans une exploitation, si les bestiaux ne peuvent pas donner le fumier nécessaire aux champs, le cultivateur devra semer des plantes, qui lui demanderont peu de frais. Lorsque la fleur paraîtra, il les enterrera avec la charrue dans le sol même qui les aura produites. La terre recevra ainsi les principes azotés que ces plantes y avaient puisés et ceux qu'elles avaient pris dans l'atmosphère.

Il faut choisir pour cette destination les plantes qui prennent dans l'air la plus grande partie de leur nourriture, et qui épuisent moins le sol; telles sont : le colza, les pois, le trèfle, le sarrasin.

Cette manière de procéder convient surtout aux terres sablonneuses très-légères ; les plantes vertes y entretiennent une fraîcheur salutaire.

Mais il faut bien se rappeler que cet enfouissement des végétaux ne peut engraisser suffisamment la terre ; ce n'est, pour ainsi dire, qu'un demi-engrais, qui doit être complété par du fumier de ferme.

§ 2. — ENGRAIS ANIMAUX.

Toutes les parties du corps d'un animal fournissent un engrais des plus puissants ; il est donc d'une grande utilité pour le cultivateur de tirer un bon profit des pertes d'animaux qu'il peut essuyer. Après avoir creusé un fossé, on y dépose le cadavre que l'on saupoudre d'une couche de chaux, puis on recouvre le tout avec la terre qui a été extraite de la fosse. Trois semaines après, on découvre la fosse et, les parties de l'animal se séparant facilement, on les mélange à cinq ou six fois leur volume de terre. On porte ensuite cet engrais au champ, au moment de la semence, et on l'enterre par un simple hersage.

Le sang des animaux, mélangé à quatre fois son volume de terre, constitue un engrais de bonne qualité.

Les râpures de cornes, les débris de tanneries, les bourres, les chiffons de laine donnent des engrais d'autant plus précieux que leur effet dure plus longtemps.

Des os.

Les os sont la partie la plus utilisée dans le commerce. Ils sont composés de matières minérales et d'une faible portion de substances grasses. Les principales matières minérales sont : le phosphate de chaux et le carbonate de chaux.

Déposés dans le sol tels qu'on les trouve, les os ne produiraient sur la végétation aucun effet sensible pendant plusieurs années; il faut donc leur faire subir quelques préparations.

On les trouve ordinairement dans le commerce sous deux formes : la *poudre d'os* et le *noir animal*.

Poudre d'os ou os broyés.

Les os ne peuvent développer toute leur activité que sous forme de poussière ; mieux ils sont divisés, plus prompts et plus sûrs sont leurs effets.

Les moyens employés pour les broyer varient suivant les pays. Dans le Puy-de-Dôme, on les dirige contre une espèce de râpe mise en mouvement par l'eau : dans l'Allier, un agriculteur les met au four, et, lorsqu'ils ont perdu le cinquième de leur poids, il les écrase avec une massue garnie de plaques de fer taillées en diamant. En Angleterre, on fait usage de cylindres en fonte armés de dents et mis en mouvement par l'eau ou la vapeur.

Pour rendre leur assimilation plus prompte, on verse la poudre dans de l'eau, puis on y mêle, en agitant continuellement, une quantité d'acide sulfurique égale à la moitié ou au quart du poids des os ; il se forme alors une bouillie épaisse. Au bout de huit à dix jours, on dessèche cette masse avec des cendres, de la sciure de bois, de la terre sèche, et l'on obtient une poudre qui, dans le commerce, porte le nom de *surphosphate* ou superphosphate.

Noir animal.

Lorsqu'on fait le sucre de betterave, on clarifie le jus obtenu de la racine ; pour cela, on se sert du sang de bœuf ; puis, pour lui donner la couleur blanche, on emploie le charbon d'os.

Des os de bœuf, de cheval, ou d'autres animaux sont placés dans de grandes marmites de fer, où ils sont cuits jusqu'à ce qu'ils soient réduits en charbon. C'est ce charbon qui est placé dans le jus sucré, et qui, après avoir été lavé, se vend dans le commerce sous le nom de noir animal.

Emploi de la poudre d'os et du noir animal.

Pour employer la poudre d'os ou le noir animal, il faut d'abord en briser les mottes avec la pelle ; on y ajoute une quantité égale de terre fine, et, lorsque le grain est semé, on répand l'engrais à la volée, à la dose de 4 à 8 hectolitres par hectare ; on herse ensuite.

Ces engrais sont utiles aux céréales, au blé noir,

aux navets ; on les répand sur les trèfles, les luzernes qu'ils raniment.

La poudre d'os est surtout employée en Angleterre sur les prairies à des doses variables, 400, 800 et même 1,200 kilogrammes par hectare.

Le surphosphate convient à toutes les récoltes, céréales et légumineuses, mais surtout aux racines ; 4 hectolitres paraissent suffire à un hectare.

Poudrette et noir animalisé.

Dans le voisinage des grandes villes, on fabrique un engrais appelé *poudrette* avec les excréments humains.

On creuse des bassins d'une assez grande étendue et de peu de profondeur ; ils sont disposés par étage, de telle manière qu'ils peuvent se vider les uns dans les autres. On place les vidanges de chaque jour dans le bassin le plus élevé ; quand il est plein, on lève une vanne, qui laisse écouler dans le deuxième bassin la partie la plus liquide. La partie solide reste déposée au fond. On fait ensuite écouler dans le troisième et dans les autres jusqu'à ce que le liquide qui reste ait laissé ses matières solides.

Lorsque le premier bassin renferme une quantité suffisante de matières, on les sort sur un terrain incliné où on les tourne à la pelle, jusqu'à ce qu'une dessiccation complète les ait réduites à l'état de poudrette.

Cette dessiccation prend un temps très-long ; elle a aussi l'inconvénient de produire une fermentation qui répand au loin une odeur infecte, et qui laisse perdre dans l'air la plus grande partie des gaz qui seraient si utiles à la nourriture des plantes.

Pour utiliser plus avantageusement pour l'agriculture les excréments humains, on les mélange avec la moitié de leur poids de charbon pulvérisé, de tan desséché ou même de terre sèche. Ce mélange arrête la fermentation et conserve à l'engrais les principes, qui dès lors ne se perdent plus dans l'air. On appelle cet engrais *noir animalisé.*

Emploi de la poudrette et du noir animalisé.

La poudrette se répand sur les terres au moment des labours dans la proportion de 20 à 30 hectolitres par hectare; elle ranime la végétation des prairies d'une manière remarquable. Mais son effet s'épuise trop rapidement; quelquefois même, au moment de la fructification des céréales, elle n'a plus de vertu.

Le noir animalisé s'emploie sur les prairies naturelles ou artificielles, surtout après une légère pluie de printemps, dans la proportion de 12 hectolitres à l'hectare.

Pour les blés et les graines, on le répand sur le sol après la graine et avant le hersage.

Pour les pommes de terre, pois, fèves, haricots, on le dépose par petites poignées dans les sillons ou fossettes.

Son action sur la végétation est moins prompte

que celle de la poudrette, mais elle est de plus longue durée.

Ces engrais très-énergiques sont accusés à tort de donner un goût désagréable aux légumes; il n'y a pas lieu de les éviter dans la culture des jardins.

Guano.

Le guano provient d'excréments d'oiseaux de mer déposés depuis de longues années dans diverses contrées de l'Amérique, surtout au Pérou. C'est une poudre jaune rougeâtre, qui forme l'engrais le plus actif que nous connaissions.

Avant de l'employer, il faut bien le pulvériser, et, si le temps est calme, on le répand à la volée sur le sol; si le vent est fort, on le mêle à une quantité égale de terre fine.

On sème le guano sur les prairies naturelles dans le courant de mars.

Pour les céréales, surtout pour le froment et le maïs, on le sème en même temps que les graines, mais séparément, et l'on enterre le tout par le même coup de herse.

Son action est moins certaine sur le trèfle, la luzerne, le sainfoin, les pois, les haricots.

La quantité à employer varie suivant la nature des terres; il en faut plus dans les terres argileuses et humides que dans les terres légères et sèches.

En général, la dose est de 250 kilogr. par hectare pour les céréales, et 375 kilogr. pour les prairies, les pommes de terre, les navets, les betteraves.

Cet engrais est très-cher (36 à 40 fr. les 100 kilogr.); de plus, on trouve dans le commerce du guano qui renferme, dans des proportions très-faibles, les principes utiles à la végétation. Il faut donc s'adresser à des négociants dont l'honorabilité soit notoire.

En terminant, nous conseillons au cultivateur de ne jamais employer les engrais dont nous venons de parler, comme base des fumures de son exploitation. Il devra seulement les associer aux fumiers, qui, plus complets et plus riches en humus, peuvent seuls rendre à la terre les principes fertilisants que les autres engrais lui ont arrachés avec trop d'énergie.

§ 3. — FUMIERS.

Les fumiers proprement dits sont composés d'excréments d'animaux et de matières végétales appelées litières.

La quantité et la qualité des fumiers dépendent : 1° de la nourriture des animaux ; 2° de la nature de la litière et de la manière de l'employer ; 3° de leur bonne manipulation.

Nourriture.

Le fumier d'un animal bien nourri est plus chaud et plus puissant que celui d'un animal mal nourri : cette chaleur et cette puissance sont en rapport avec la qualité des aliments. Si l'on ne donne aux animaux que des matières peu nutritives, telles que la paille, le mauvais foin, ces matières n'agissent pas activement sur leur corps et sortent de leurs intestins, sans y avoir acquis ces substances animales qui font la richesse des fumiers. Au contraire, un fourrage nourrissant, des graines surtout, produiront des déjections renfermant une plus grande quantité de matières azotées.

Litière.

La paille est la litière par excellence ; on emploie généralement les pailles de froment, de seigle, d'orge et d'avoine ; ce sont elles qui présentent la couche la plus agréable au bétail.

Voici, dans l'ordre de leur richesse en matières azotées, les pailles qui produisent les meilleurs engrais : colza, vesce, sarrasin, orge, froment, seigle, maïs, avoine.

Dans les pays où les animaux sont bien soignés, la litière est faite deux fois par jour, matin et soir. Les pailles imprégnées d'excréments sont enlevées, et celles qui sont encore fraîches, après avoir été soulevées avec le trident, sont ajoutées aux pailles nouvelles, pour former la litière jusqu'au pansement suivant. Ces soins entretiennent la santé du bétail et font honneur aux sentiments du maître.

Préparation des fumiers.

On choisit d'abord un emplacement rapproché des écuries, et, pour que le sol ne s'imbibe pas trop de jus de fumier ou *purin*, on y place une couche de glaise ou d'argile battue; autour du terrain choisi, on établit de petites rigoles, qui aboutissent à une fosse destinée à recevoir les égouts. Il faut que le terrain soit légèrement incliné du côté de la fosse. Pour recevoir le fumier produit par une dizaine d'animaux, l'emplacement pourra avoir 10 mètres de longueur sur 5 mètres de largeur; la fosse à purin aura 2 mètres de longueur, 2 mètres de largeur et 1 mètre de profondeur.

Le fumier transporté sur l'emplacement avec une brouette sera tassé uniformément et même piétiné par les hommes qui l'arrangent. Pour diminuer autant que possible la fermentation produite par le tassement, on arrose souvent avec le purin recueilli dans la fosse, ou même avec de l'eau. Dans une exploitation un peu importante, une pompe rustique placée dans la fosse lance le purin sur le fumier d'une manière uniforme. Il importe d'arroser souvent en été; plus les arrosages sont répétés, plus la qualité du fumier sera maintenue.

Dans quelques localités, en Suisse, par exemple, on conserve une grande énergie aux fumiers. Les tas sont formés par couches; on met d'abord une couche de fumier et ensuite on la recouvre d'une légère couche de plâtre; on met une seconde couche de fumier, puis une seconde couche de plâtre et ainsi de suite. Puis, après avoir jeté du plâtre dans la fosse à purin, on arrose le tas avec ce liquide chaque fois que la masse commence à s'échauffer.

Le plâtre empêche la perte des principes ammoniacaux si utiles à la nourriture des plantes.

Quelques agriculteurs construisent un mur sur trois côtés de l'emplacement à fumier et le recouvrent même d'un toit, ce qui est une bonne précaution contre les ardeurs du soleil ; d'autres plantent aux angles du carré des arbres à larges feuilles.

Le cultivateur fera aussi tous ses efforts pour détourner de son fumier la volaille, qui, en le grattant, occasionne une plus forte déperdition par les surfaces nouvelles, mises chaque jour au contact de l'air.

Diverses espèces de fumier.

Les fumiers n'ont pas tous les mêmes propriétés ; on peut les distinguer en fumiers chauds et en fumiers froids.

Les fumiers chauds sont ceux des chevaux, des ânes, des moutons.

Les fumiers froids sont ceux des bêtes à cornes.

Les fumiers de porcs peuvent être classés comme intermédiaire entre les deux espèces dont il vient d'être parlé.

Fumier de cheval.

Le fumier de cheval est riche en principes azotés ; il se décompose très-vite et les gaz ammoniacaux se perdent facilement dans l'air. Il convient donc de le tasser fortement dans un lieu très-frais et de l'arroser souvent. On le destinera aux terres froides, compactes, tourbeuses; on ne l'emploiera qu'en petite quantité dans les terrains légers, parce qu'il activerait d'abord la végétation trop vigoureusement et la laisserait ensuite stationnaire.

Fumier de moutons.

Les moutons décomposent mieux leur nourriture que les autres animaux, de sorte que leurs excréments sont plus imprégnés de matières animales; il en résulte un engrais plus chaud, plus énergique, plus assimilable par les végétaux. Les crottins, qui le forment, se brisent difficilement, et leur mélange avec la paille ne se fait que lentement; voilà pourquoi dans la plupart des localités, on laisse le fumier s'amasser dans les bergeries presque toute l'année.

Son action est plus durable que celle du fumier de cheval; il convient à tous les terrains, mais surtout aux sols argileux, froids, tourbeux.

Fumier de bêtes à cornes.

Les excréments des bêtes à cornes sont très-aqueux et moins chargés de matières organiques; aussi leur fumier a-t-il une action durable, mais peu énergique.

Il convient bien aux terres sablonneuses et calcaires, légères, chaudes; on doit donc l'employer de préférence dans les terrains qui craignent le plus la chaleur de l'été.

Fumier de porcs.

Les porcs, à cause de la vigueur de leurs organes digestifs, absorbent presque toutes les matières substantielles de la nourriture qui leur est donnée et n'abandonnent à leurs excréments que fort peu de parties animales.

Cependant, si les porcs sont nourris de racines et de graines, leur fumier produira des effets assez remarquables sur les prairies naturelles ou artificielles. Il est toutefois plus avantageux de le mélanger avec les autres fumiers de la ferme.

Emploi du fumier.

Le fumier s'emploie à l'état frais, après fermentation, ou réduit à l'état de terreau gluant ou *beurre noir*.

Pour savoir dans quel état il convient de l'employer, on doit avoir en vue la culture à laquelle on le destine. On sait qu'il agira d'autant plus promptement qu'il aura été plus vite décomposé ; ainsi le fumier frais pourra bien s'employer pour les céréales d'automne, parce que la putréfaction des matières qui le composent ne s'opérant que lentement, son effet se fera sentir au moment de la granification, c'est-à-dire huit ou neuf mois après son enfouissement.

Par contre, le fumier fermenté par un long séjour en tas produira des effets plus prompts, mais de moins longue durée ; il s'emploiera donc de préférence pour les plantes hâtives, qui ne doivent pas rester longtemps en terre, par exemple, le lin, le chanvre, la pomme de terre.

Dans plusieurs départements, on emploie souvent le fumier réduit à l'état de terreau gluant ou *beurre noir*. Cette pratique est mauvaise : en effet, pendant la préparation de ces fumiers, une quantité considérable de matières solubles s'est perdue par l'évaporation, le dessèchement ou l'abondance des eaux pluviales. La perte de l'azote a dépassé la moitié de son chiffre ; par conséquent, cette fumure n'agit que fort peu de temps sur la végétation.

Le fumier ne doit être conduit aux champs qu'au moment du labourage ; si on le répand sur la terre huit ou quinze jours avant de l'enfouir, il perd une grande partie de sa valeur. Exposé pendant ce temps aux rayons du soleil, à la pluie, il laisse évaporer dans l'air des gaz qui n'auraient dû se produire que dans la terre, et le sol n'a plus qu'à recevoir des débris pailleux, qui ne peuvent donner que des résultats restreints, au moment de leur putréfaction.

Le mode le plus général d'emploi des fumiers consiste à les étaler sur le champ en une couche continue et régulière, et à les enterrer avec la charrue ; on appelle cette méthode *fumer en couverture*.

Dans quelques pays, en Belgique surtout, on prend le fumier avec la fourche aux petits tas, et on le place au fond des sillons, à mesure que la charrue les ouvre.

La quantité de fumier à charrier dans un champ

dépend : 1° de la propriété plus ou moins épuisante des récoltes précédentes ; 2° de l'espèce de plantes que l'on veut semer ; 3° de la nature du terrain ; 4° de la qualité du fumier.

Les plantes qui fournissent des produits abondants, dès la première année, par exemple, les maïs, les pommes de terre, le chanvre ; celles qui portent des graines (céréales), en exigent plus que les plantes récoltées au moment de la floraison, telles que le trèfle, la luzerne, le sainfoin, ou dont les produits se récolteront plusieurs années de suite.

Les terres légères réclament une fumure plus faible, mais plus fréquente que les terres fortes ; les terres argileuses retiennent plus longtemps les matières fertilisantes et ne les abandonnent que peu à peu à la végétation.

De nombreuses expériences prouvent que, dans la plupart des cas, une fumure de 30 voitures pouvant peser chacune 800 kilogr. et formant en volume un mètre cube, est suffisante pour un hectare.

CHAPITRE IV

AMENDEMENTS

Amender une terre, c'est modifier sa composition, de manière à la rendre plus féconde. Pour obtenir ce résultat, il faut donner à cette terre les éléments qui lui manquent, ou qui ne s'y trouvent qu'en trop faible proportion.

Les principaux amendements sont : le sable, l'argile, la chaux, la marne, le plâtre, les cendres.

Sable.

Le sable est employé dans les terrains fort argileux ; ces terrains en effet sont tenaces, peu perméables à l'eau et aux gaz de l'atmosphère. Le sable divise l'argile, en tenant ses parties distantes les unes des autres et en s'opposant à ce qu'elles se durcissent et se contractent aussi facilement.

Le sol ainsi divisé est mieux pénétré par la chaleur ; et les racines des plantes y trouvent plus de facilité pour se développer.

Argile.

L'argile convient aux terrains sablonneux, graveleux, très-légers, trop secs. Elle donne à ces terrains plus de consistance, et leur communique la faculté de mieux retenir l'eau nécessaire à la végétation.

Chaux.

La chaux est formée de divers calcaires que l'on trouve presque sur tous les points du globe, par exemple, les pierres de taille, les moellons à bâtir, les pierres lithographiques. Pour la préparer, on met ces calcaires dans des fours spéciaux avec du charbon ou du bois, et on les fait cuire. Sous l'action d'une forte chaleur, l'acide carbonique se dégage, l'eau se vaporise, et, lorsque la cuisson est accomplie, on trouve dans le four la matière généralement connue sous le nom de chaux vive.

On distingue trois espèces de chaux : la chaux grasse, la chaux maigre et la chaux hydraulique.

La *chaux grasse* est celle qui provient des pierres calcaires les plus pures, ou qui ne renferment qu'une faible portion de matières étrangères. Elle est blanche, se réduit facilement en poussière, est très-active ; c'est la plus estimée pour les usages agricoles.

La *chaux maigre* renferme encore quelques substances étrangères ; elle est habituellement grise ou fauve ; elle se délite (tombe en poussière) plus difficilement que la chaux grasse, et produit moins de chaleur. Son activité est inférieure à celle de la chaux grasse, et, lorsqu'on en fait usage pour les amendements, il faut appliquer des doses plus considérables.

La *chaux hydraulique* est formée de calcaires argileux ; elle est d'une couleur verdâtre ou grisâtre ; elle acquiert la propriété de se durcir dans l'eau, ce qui permet de l'employer surtout pour les travaux d'art, par exemple, pour la construction des citernes, des réservoirs. Comme amendement, elle est bien moins active que les autres chaux.

Emploi de la chaux.

Le *chaulage*, c'est-à-dire l'amendement par la chaux, ne doit être appliqué qu'aux terres qui ne contiennent pas de chaux ou qui n'en contiennent que de faibles quantités.

Ainsi, il est utile dans les terres légères, sablonneuses; la chaux, introduite dans ces terres, leur donne une consistance dont elles étaient dépourvues. Les plantes qui s'y développent, y trouvent dès lors un appui qu'elles n'y rencontraient pas avant le chaulage.

La chaux divise et ameublit les terres fortes et argileuses; le sol devient plus perméable et se débarrasse d'un excès d'humidité, qui est toujours nuisible aux plantes. Il se travaille plus vite après la pluie, s'échauffe plus tôt au printemps ; les semis sont plus précoces et la maturation s'y montre plus hâtive.

Dans les terres chaulées, les récoltes de céréales sont moins exposées à la verse, parce que la paille devient plus ferme. La maladie du froment appelée *carie* y apparaît rarement, et les mauvaises plantes, telles que le chiendent, l'oseille rouge, y disparaissent rapidement.

Deux procédés principaux sont en usage pour répandre la chaux.

Premier procédé. — On met la chaux par petits tas distants entre eux de 6 mètres en moyenne. Lorsque, par l'action de l'air, la chaux est réduite en poussière, on la répand sur le sol aussi également que possible.

Deuxième procédé. — Ce procédé est bien préférable : il consiste à faire ce qu'on appelle des *composts*.

On met sur le champ un premier lit de bonne terre sèche ou de gazon ; on couvre cette terre d'une légère couche de chaux ; on place ensuite un second lit de terre et un second lit de chaux, puis un troisième lit de terre et un troisième lit de chaux, et on recouvre le tout d'une nouvelle couche de terre. Il faut que ce mélange contienne quatre à cinq fois plus de terre que de chaux. Au bout de quinze jours, la chaux est suffisamment fusée, on mêle le tout à deux ou trois reprises, et l'on répand sur le sol. On enterre ensuite par un léger labour.

Il est difficile de déterminer la quantité de chaux à employer. Dans les terres fort argileuses on peut aller jusqu'à 40 hectolitres par hectare, tandis que dans les terres légères, sablonneuses, on ne doit pas dépasser 8 à 12 hectolitres.

Dans le Nord, on donne à la terre environ 40 hectolitres tous les dix ou douze ans ; dans la Sarthe, 8 à 10 hectolitres tous les trois ans ; dans l'Ain, on est allé jusqu'à 80 hectolitres par hectare, dans les terres argilo-siliceuses de la Bresse. Il est vrai que le chaulage ne se renouvelle pas avant vingt ans.

La chaux ne donne pas à la terre des principes nutritifs ; elle favorise seulement leur dissolution et leur absorption par les plantes. Si des récoltes plus abondantes ont enlevé une plus grande quantité de ces principes, il faut les rendre au sol par les engrais. Ce n'est donc que par l'emploi simultané de la chaux et des engrais que le cultivateur conservera à la terre la fertilité que le chaulage aura produite.

Marne.

La marne est une substance composée de carbonate de chaux, d'argile et quelquefois de sable; elle varie de couleur.

On peut la confondre avec l'argile pure ; pour s'assurer que l'on a réellement de la marne, on prend un verre à moitié rempli d'eau et l'on y introduit un morceau de la matière trouvée. Si l'on a de la marne, celle-ci se délitera, et les débris pulvérulents viendront occuper le fond du vase. On répand aussi quelques gouttes de vinaigre fort sur l'échantillon, et s'il se manifeste une ébullition à la surface, comme lorsqu'on met la chaux vive en contact avec l'eau, on peut en conclure que la substance examinée est de la marne.

On distingue trois sortes de marnes : 1° la marne calcaire; 2° la marne argileuse; 3° la marne sablonneuse.

La *marne calcaire* est blanche, assez dure ; elle se délaye facilement dans l'eau et a une action très-puissante. Cette marne convient aux terres fortes, argileuses, compactes, difficiles à travailler et qui retiennent trop facilement les eaux de pluie.

La *marne argileuse* contient de 50 à 75 pour 100

d'argile ; elle est plus compacte, moins friable et ne se délaye pas facilement dans l'eau ; elle forme avec elle une pâte courte. Elle sert d'amendement aux terres légères, sablonneuses.

La *marne sablonneuse* a un aspect grisâtre ; elle se délaye facilement dans l'eau, mais ne forme pas pâte avec elle. Elle convient aux terres compactes, argileuses, aux terrains argilo-calcaires, tenaces et humides, qu'elle divise par l'interposition des grains de sable qui entrent dans sa composition.

Emploi de la marne.

Si l'on emploie une marne terreuse, il suffit de la déposer sur le sol en lignes parallèles et en petits tas égaux placés à peu près à 5 ou 6 mètres de distance. On profite des premiers loisirs pour la répandre sur le sol aussi régulièrement que possible et on l'enterre par un labour peu profond.

Si l'on emploie une marne pierreuse, il est plus utile de la répandre au commencement de l'hiver ; pendant les gelées, elle se réduit mieux en poussière.

La qualité à employer varie suivant la nature du sol et la qualité de la marne ; plus le sol est calcaire, moins il en faut. Les terrains humides et fort argileux, les terrains récemment défrichés, en supportent une plus grande quantité. On peut employer sans inconvénient de 60 à 100 mètres cubes par hectare.

Plâtre.

Le plâtre, appelé aussi gypse, est composé de chaux et de soufre ; il existe abondamment dans la nature sous différents états. On l'exploite dans des carrières qui ont quelquefois une grande étendue, et on le taille en moellons d'une forme ordinairement rectangulaire.

On le trouve cuit ou non cuit dans le commerce. Cet amendement favorise particulièrement la végétation des plantes fourragères dites légumineuses, telles que le trèfle, le sainfoin, la luzerne. Il peut être répandu sur tous les terrains, excepté sur les sols très-humides, où il serait nuisible.

La dose à employer est de 2 à 300 kilogrammes par hectare ; on obtient même des effets sensibles, en n'appliquant que des doses moitié moindres.

Au printemps, lorsque les plantes ont 10 ou 15 centimètres de hauteur, on choisit un temps calme et on le répand à la main le soir ou le matin, ou à la suite d'une légère pluie, lorsque les feuilles sont encore un peu mouillées.

L'effet du plâtre ne se fait pas sentir seulement sur les tiges et les feuilles des plantes, mais encore sur leurs racines. Ainsi, lorsqu'on sème du froment après du trèfle plâtré, ce froment est plus beau et plus productif que si le trèfle n'avait pas été saupoudré de plâtre. L'amendement n'a pas agi directement sur la céréale, mais il a fait prendre une force extraordinaire aux racines du trèfle et ces racines, en se décomposant dans le sol, ont fourni une nourriture plus abondante aux racines du froment.

Cendres.

Les cendres de bois s'emploient en agriculture, surtout lorsqu'elles ont été lessivées; elles prennent alors le nom de *charrée*. Elles ameublissent les sols argileux et donnent de la consistance aux sols légers ; elles détruisent les mauvaises herbes.

Elles conviennent mieux aux sols humides qu'aux sols secs. Elles doivent être répandues sèches sur un sol non mouillé, et peuvent favoriser également la végétation des céréales et des légumineuses.

Dans le voisinage des villes, où le prix n'en est pas élevé, on peut en répandre de 20 à 30 hectolitres par hectare, et l'effet s'en fait sentir pendant deux ou trois ans.

Dans les prairies, cet amendement détruit les mousses, qui sont remplacées par des plantes utiles.

CHAPITRE V

INSTRUMENTS ARATOIRES

Pour façonner la terre, c'est-à-dire pour la rendre propre à porter des récoltes, on se sert d'un assez grand nombre d'instruments, dont les plus utiles sont : la bèche, la houe, la charrue, l'extirpateur, la herse, le rouleau, la houe à cheval, le buttoir.

Bêche.

La bêche est un outil à fer plat de 0^{m},28 de hauteur, 0^{m},22 de largeur à la partie voisine du manche, sur 0^{m},17 dans le bas. On l'emploie surtout pour labourer les jardins ou les terres de petite étendue. Quoique le travail de la bêche soit très-lent, il est avantageux, parce qu'il ameublit bien la terre.

Quelquefois la lame de fer, au lieu d'être droite, est un peu courbée et plus étroite; l'outil prend alors le nom de *bêche flamande* et s'emploie surtout pour les terres légères. La courbure de la lame permet au laboureur de retenir mieux la terre, qui glisserait trop facilement sur une lame droite et ne serait pas suffisamment retournée.

Houe.

La houe est une lame carrée

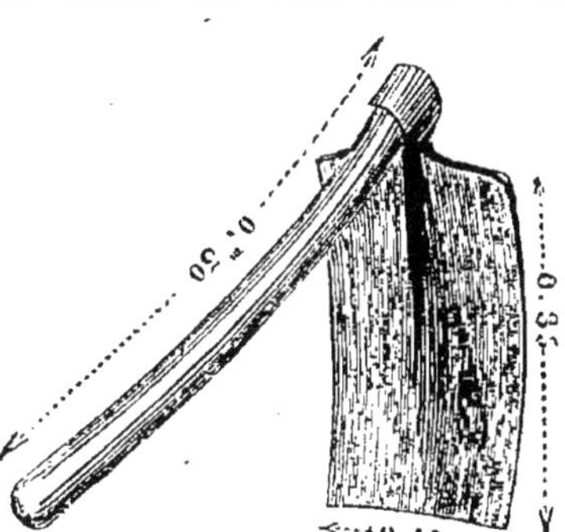

Fig. 1. — Bêche. Fig. 2. — Houe.

1. 3

adaptée à un manche assez court; quelquefois la houe est formée de deux pointes de fer ; on l'emploie alors pour travailler les vignes et quelquefois pour labourer certaines parcelles de terre où elle pénètre entre les pierres plus facilement que la bèche.

Charrue.

L'instrument le plus utile et le plus répandu pour travailler la terre est la charrue.

On divise les charrues en deux grandes classes : les araires ou charrues simples et les charrues à avant-train.

L'araire est presque exclusivement employée dans la partie méridionale de la France, tandis que la charrue à avant-train est en grand usage dans le nord.

Les parties constitutives de la charrue sont : le coutre, le soc, le versoir, le sep, les étançons, l'age, les mancherons, le régulateur, l'avant-train.

Le *coutre* G, nommé aussi *couteau*, est destiné à trancher la terre verticalement; sa forme générale rappelle celle d'une lame de couteau; le coutre se place avant le soc dans une position un peu inclinée ; il est fixé à la charrue dans une ouverture pratiquée au milieu de l'*age* A ou sur le côté gauche de l'age au moyen d'une vis de pression.

Le *soc* E tranche la bande de terre horizontalement ; il a à peu près la forme d'un triangle; sa pointe a plus ou moins d'épaisseur et de tranchant,

Fig. 3. — Charrue Dombasle.

suivant la nature des terres. Dans un sol argileux, le soc doit être bien pointu, avec un tranchant bien affilé; dans un sol pierreux, sa pointe est plus émoussée.

Il est fait ordinairement de fer ou de fonte avec la pointe d'acier.

Le *versoir* ou *oreille* F est situé sur le côté droit de la charrue; il ne semble former qu'une seule pièce avec le soc. Sa fonction est de soutenir la bande de terre coupée par le coutre et soulevée par le soc, pour la verser dans la raie. Les versoirs sont de fonte ou de fer ; on doit préférer ce dernier métal, quand on a beaucoup de terres pierreuses à travailler.

Le *sep*, appelé aussi *talon* ou *semelle* D, est la pièce qui, pendant le labour, glisse sur la terre au fond de la raie ; il est ordinairement de fer et fait suite au soc.

Les *étançons* C sont deux pièces (de bois ou de fer) qui relient à l'age le soc, le versoir et le sep.

L'*age* ou *flèche* A est une pièce de bois à laquelle sont attachées toutes les autres, et à l'extrémité de laquelle est fixé le point d'attache pour l'attelage.

Les *mancherons* B sont deux pièces de bois placées à l'arrière de l'age, sur lesquelles le laboureur appuie les mains pour diriger la charrue.

Le *régulateur* I a pour but de régler l'entrure de la charrue, c'est-à-dire la profondeur et la largeur du sillon.

L'*avant-train* est composé de deux roues réunies

par un essieu ; il supporte l'extrémité antérieure de l'age.

On préfère généralement les charrues sans avant-train ; elles exigent moins de force, parce que le tirage est plus direct ; elles sont plus solides et d'un prix moins élevé ; elles tournent plus aisément, labourent mieux les terrains inégaux ; mais elles exigent plus d'attention de la part du conducteur.

Parmi les nombreuses charrues qui fonctionnent, nous nous occuperons seulement de la *charrue Dombasle*, de la *charrue belge*, de la *charrue tourne-oreille*.

La *charrue Dombasle* est celle qui convient le mieux à la généralité des terres françaises ; nous en avons donné le modèle à la page précédente. On n'a qu'un reproche à lui faire : son versoir n'est ni assez haut ni assez développé ; lorsqu'on veut donner un labour profond dans les fortes terres, une partie de la bande soulevée passe par-dessus le bord supérieur du versoir et tombe dans la raie.

La charrue *belge* ou *brabant* se distingue de la précédente par le grand développement donné au soc, qui ne fait qu'un avec le versoir et qui est fixé au sep d'un côté, à l'age de l'autre, par deux tiges de fer remplissant l'office des étançons des autres charrues. Le sep est en bois garni de plaques de fer ; le support en fer glisse le long d'une rainure pratiquée dans l'age où il est fixé au moyen d'une vis de pression ; ce support est terminé à sa partie inférieure par une petite roue, qui ne produit qu'un léger frottement en tournant.

Cette charrue est préférée pour labourer les terres fortes, les terres où l'on rencontre des pierres à enlever, et pour obtenir un labour profond; elle exige, il est vrai, un plus puissant attelage.

La charrue *tourne-oreille* a l'avantage de pouvoir tracer des sillons contigus, en allant et en venant, puisque, en changeant la direction de l'oreille, on lui fait verser la terre toujours du même côté. Elle convient aux petits cultivateurs qui n'ont que des terrains légers à travailler. Elle exige moins de force; voilà pourquoi on la voit encore en usage dans les pays de montagnes et dans les départements où la propriété est très-morcelée. Mais elle a deux inconvénients fort graves; son soc ne soulève pas assez le sol, et une partie de la bande retombe du côté opposé au versoir. D'un autre côté, la forme du versoir ne permet pas de retourner complétement la terre.

Extirpateur.

L'extirpateur le plus ordinaire est monté sur trois roues, qui s'élèvent ou s'abaissent, suivant qu'on veut pénétrer plus fortement dans la terre. Il est formé de cinq tiges de fer recourbées, terminées à leur partie inférieure par de petits socs en fonte; ces tiges ne se trouvent pas sur la même ligne.

Il sert à couper et à arracher les plantes sauvages dont le sol peut être infesté; on l'emploie aussi pour *ouvrir* les terres anciennement labourées, lorsque les produits qu'on veut obtenir n'exigent pas un second labour.

Herse.

La herse est un instrument qui ameublit le sol, en déchirant les mottes et en émiettant la terre après le labourage; elle sert aussi à nettoyer le sol en arrachant les mauvaises herbes et surtout à recouvrir les semences.

La plus simple est la herse triangulaire; les dents sont de bois ou de fer.

La herse la plus parfaite est celle de M. de Valcourt; les dents doivent être assez écartées les unes des autres pour que les herbes et les mottes ne s'y engagent pas; elles doivent être placées de manière à tracer des lignes

FIG. 4. — Herse Valcourt.

très-rapprochées, ce qu'on obtient en mettant le crochet d'attelage un peu à droite de la chaîne, afin que la herse marche de biais.

Souvent dans les grandes cultures on réunit ensemble deux ou trois herses Valcourt conduites par deux chevaux ; ces herses sont attachées par des chaînes flexibles, ce qui permet à ces instruments de suivre les sinuosités du terrain. Il y a dans ce cas économie de temps, puisqu'un seul ouvrier peut conduire trois herses.

Rouleau.

Le rouleau sert, dans les terres argileuses, à bri-

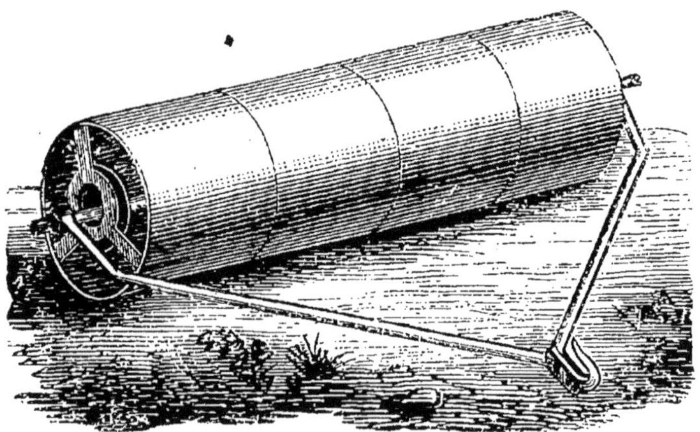

Fig. 5 — Rouleau.

ser les mottes que la charrue a soulevées, et, dans les terres légères, sablonneuses, à affermir le sol, à rendre sa surface unie, afin qu'elle reçoive plus également les semences fines.

Le rouleau le plus employé est un cylindre de bois dur, plus ou moins long, suivant la nature du terrain où il doit fonctionner ; le cylindre court, en général, est préférable.

Quelquefois, pour comprimer des terrains trop légers, on emploie un cylindre en fonte creux qu'on remplit de pierres.

Pour briser plus facilement les mottes dans les terres fortes, on fait usage d'un rouleau à dents de fer, ou à disques tranchants. Mais ces derniers sont plus lourds, d'un prix assez élevé ; ils seront difficilement acceptés par la petite culture.

Houe à cheval.

La houe à cheval sert à ameublir et à purger des

Fig. 6. — Houe à cheval.

mauvaises herbes les espaces de terrain qui se trouvent entre les lignes de maïs, de pommes de terre, de colza, etc. Cet instrument se compose de plusieurs petits socs adaptés à un châssis de bois ; il est traîné par un cheval.

Buttoir.

Le buttoir est destiné à amasser de la terre au

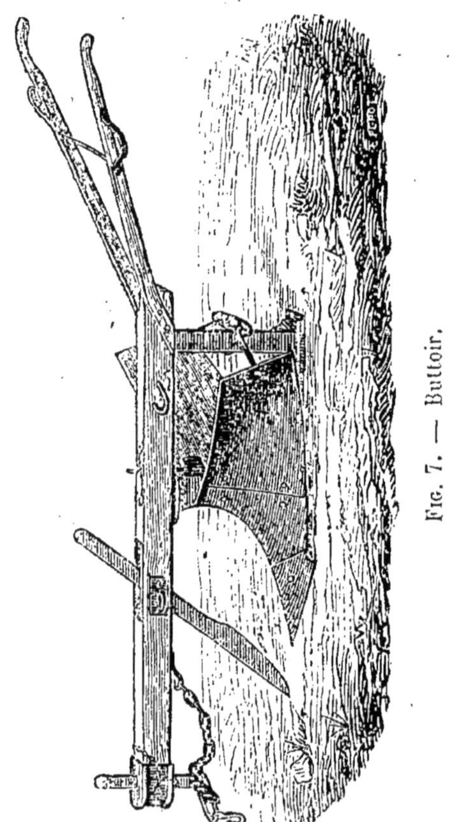

Fig. 7. — Buttoir.

pied des plantes semées en lignes, pommes de terre, colza, betteraves. Ce n'est autre chose qu'un age de charrue terminé à l'arrière par deux versoirs assujettis à un sep. Il est ordinairement fort léger et n'a qu'une roue.

CHAPITRE VI

FAÇONS CULTURALES

Défrichements.

Il peut être avantageux de livrer à la culture des terres incultes ou marécageuses. Les terres incultes peuvent être couvertes de ronces et d'arbustes. Après avoir arraché avec la pioche les ronces et les racines, et avant de donner au sol plusieurs labours et plusieurs hersages énergiques, il convient de brûler la surface du terrain. Cette opération s'appelle écobuage.

Écobuage.

Voici comment il se pratique. On soulève avec un instrument des croûtes du sol, et l'on en forme des tas de 1 mètre de largeur sur 2 de hauteur, en ayant soin de tourner du côté de l'intérieur, la face de chaque plaque garnie de gazons ou de plantes. Dans une cavité ménagée au-dessous de cette espèce de four, on met le feu et l'on bouche l'ouverture de manière à obstruer en partie l'accès de l'air. On laisse brûler lentement jusqu'à ce que la combustion des plantes et des racines soit complète, et l'on renverse les tas qui sont répandus sur le sol en couches égales.

Drainage.

Pour assainir des terrains marécageux, il faut établir dans le sous-sol des fossés que l'on remplit de pierres et de fascines de bois vert à travers lesquelles l'eau s'écoulera. Mais ces fossés finissent par s'obstruer par la terre qui s'interpose entre les pierres et qui arrête l'écoulement des eaux. Un mode d'assainissement plus parfait, mais plus coûteux, est employé pour les terrains qui peuvent donner

Fig. 8. — Drainage.

des produits avantageux. Il consiste à placer au fond

de fossés de 1m,25 de profondeur des tuyaux en terre cuite de 6 à 7 centimètres de diamètre. Ces tuyaux placés les uns à la suite des autres s'appellent *drains;* ils aboutissent à un canal ou fossé creusé à l'extrémité la plus basse du terrain que l'on veut assainir, ou à d'autres tuyaux de plus grandes dimensions appelés *drains collecteurs*. Les fossés doivent être établis dans la direction de la pente du sol et dans la plupart des cas à 10 ou 12 mètres les uns des autres.

Les eaux, qui rendaient le sol marécageux, s'infiltrent peu à peu dans les tuyaux, et s'écoulent dans les drains collecteurs, ou les fossés destinés à les recevoir.

Ce mode de drainage, dont le prix est toujours assez élevé, ne doit être tenté que sur des terrains qui peuvent en acquérir une plus-value sensible.

DES LABOURS.

Les labours ont pour but de diviser la terre, pour exposer à l'air le plus grand nombre des points de sa surface :

Pour la rendre plus propre à recevoir les gaz qui produisent les principes fécondants ;

Pour permettre à la chaleur et à la pluie de la pénétrer plus également ;

Pour faire entrer dans toute la couche végétale les engrais répandus à la surface du sol ;

Pour permettre aux racines de se développer plus ilement dans un sol divisé ;

Pour ramener à la surface du sol une partie de la terre végétale, qui, se trouvant trop longtemps à une grande profondeur, ne pourrait utiliser pour la production les éléments de fertilité qu'elle renferme ;

Pour détruire les mauvaises plantes.

Lorsque les labours ont donné à la terre ces dispositions, on peut dire qu'elle est suffisamment ameublie; c'est-à-dire bien disposée à recevoir les semences qu'elle doit faire fructifier.

Les labours se font à bras d'hommes ou à l'aide de charrues. Les labours à bras d'hommes s'effectuent à la pioche, à la bèche ou à la houe; mais ils ne peuvent convenir qu'à la petite culture, quoique très-avantageux, puisqu'ils divisent très-bien la terre.

Époque des labours.

C'est à l'intelligence du cultivateur de déterminer le moment des labours.

Aussitôt qu'une terre a été dépouillée de ses récoltes, il est avantageux de la labourer, parce qu'on enfouit les mauvaises plantes avant la maturité de leurs graines, et qu'on évite par là leur reproduction. La terre plus ameublie est exposée plus longtemps et plus fortement à l'action de l'air, de la chaleur, de l'eau.

Un terrain argileux et dur ne peut être labouré qu'après quelques pluies, et avant qu'une trop grande humidité l'ait rendu visqueux. Si ces terrains étaient trop mouillés, les bandes soulevées, boueuses et épaisses, adhéreraient au soc et au versoir et ne pourraient être émiettées par la herse ; devenues sèches, leur dureté extrême ne permettrait pas de les briser. Ces terres argileuses exigent des labours d'autant plus fréquents, qu'elles offrent une plus grande ténacité.

On peut en tout temps labourer les terrains sablonneux, légers, chauds.

Profondeur des labours.

Il doit exister un rapport entre la largeur de la bande enlevée par la charrue et la profondeur du sillon. On admet généralement que la bande de terre doit avoir en largeur les deux tiers de la profondeur. Par exemple, si on laboure à 15 centimètres de profondeur, la bande aura 10 centimètres de largeur.

Direction des labours.

Dans les terrains légèrement inclinés, on dirige les labours dans le sens de la pente du terrain, pour donner aux eaux un écoulement facile.

Mais si la pente est faible, il vaut mieux tracer les sillons perpendiculairement à cette pente pour diminuer le travail de l'attelage et pour que la terre et les engrais soient moins facilement entraînés par les pluies. Dans ces sortes de labours, il est plus utile de rejeter en bas la bande de terre, parce qu'elle se retourne plus complétement.

On laboure tantôt à plat ou en planches, tantôt en billons dans les terrains sans pente.

Le labour à plat se fait ordinairement avec la charrue *tourne-oreille*, qui en allant et en revenant, jette toujours la terre du même côté et remplit ainsi successivement chaque raie ; le champ forme ainsi une surface unie, traversée quelquefois de distance en distance par les raies pratiquées pour faciliter l'écoulement des eaux.

Lorsque la superficie du champ est régulièrement divisée en parties d'égale largeur par les rigoles d'écoulement, on dit que ce labour est en *planche*.

Dans les sols labourés à plat, la couche végétale est répartie d'une manière égale dans toute leur superficie ; le fumier et la semence sont répandus plus uniformément ; la herse agit dans toutes les parties d'une manière égale ; les charrois y sont plus faciles, les récoltes une fois coupées y sèchent plus promptement et le râteau y accomplit bien ses fonctions.

Voici comment on laboure en billons avec une charrue à versoir fixe. Supposons un champ ayant la forme de la figure ci-contre. Si l'on commence par lever une bande en allant du sud au nord, c'est-à-dire en traçant la ligne AB, il faudra, en arrivant au point B, lever la charrue et aller prendre une autre ligne CD, qui descendra du nord au sud, puis au point D, on lève la charrue et l'on vient prendre une nouvelle bande EF, qui va du sud au nord ; on lève la charrue au point F, on va poser le soc au point G, et l'on trace la ligne GH du nord au sud ; on continue ainsi jusqu'à ce que la portion de terrain comprise entre les deux premières lignes AB CD soit labourée ; comme le versoir jette toujours à droite la bande de terre soulevée, la partie comprise entre les deux sillons IL, MN sera une raie servant à l'écoulement des eaux.

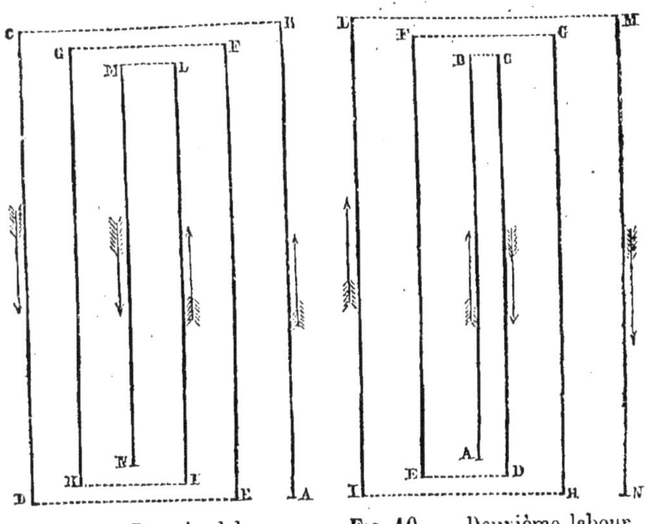

Fig. 9. — Premier labour

Fig. 10. — Deuxième labour.

Cette première opération s'appelle fendre ou *érayer le billon*, quelquefois simplement *érayer*.

Au labour suivant, au lieu de commencer par les extrémités, on trace le premier sillon au milieu, soit la ligne AB, en allant du sud au nord, la deuxième ligne se trace à côté de la première, soit CD en allant du nord au sud, de sorte que les deux bandes soulevées sont adossées l'une à l'autre. On continue ainsi à verser les bandes soulevées au milieu du billon ; et, lorsqu'on arrive aux deux extrémités, on trouve à chaque côté une raie ouverte. Cela s'appelle endosser ou enrayer le billon.

Les billons simples ont ordinairement de 70 centimètres à 1 mètre de largeur. Cette largeur varie suivant les terrains ; plus les sols sont humides, plus les billons sont étroits.

Ce genre de labour ne présente quelques avantages que dans les terres très-humides, parce que en exhaussant le sol, on facilite l'écoulement des eaux. On peut aussi employer les billons dans les terrains où la couche arable manque de profondeur ; en effet, on augmente superficiellement la couche végétale, en amassant sur l'ados du billon la bonne terre enlevée dans la raie d'écoulement.

Dans la plupart des terrains, il est préférable d'employer le labour à plat ou en planches.

Il est difficile de fixer la profondeur à donner aux sillons. On regarde comme un labour léger les sillons de 10 à 15 centimètres de profondeur ; comme un labour moyen ceux de 15 à 20 centimètres, et comme un labour profond ceux de 20 à 25 centimètres.

Défoncements.

Il faut autant que possible labourer profondément. Quand le sous-sol n'est pas de mauvaise qualité, on ne doit pas craindre d'en mélanger une partie avec la couche arable. En effet, quelques portions des engrais s'accumulent en pure perte dans cette terre que la charrue n'atteint jamais ; si donc on ajoute à la couche végétale une partie de cette terre, on utilisera des principes fertilisants restés longtemps sans emploi. Si le sous-sol est d'une qualité trop inférieure, on peut se servir des charrues appelées *fouilleuses* ou *défonceuses*, qui l'ameublissent sans le mêler à la terre de la surface. On laboure d'abord avec une charrue ordinaire assez profondément pour retourner toute la terre végétale ; puis on fait passer dans la même raie la charrue fouilleuse qui remue le sous-sol.

Emploi de la herse et du rouleau.

Il est presque indispensable d'employer la herse après le labourage. Sur les terrains légers l'opération est moins nécessaire et peut se faire en tout temps. Mais dans les terres argileuses, les mottes trop humides se pétrissent et fléchissent sous l'action des dents; si, au contraire, elles sont trop sèches, elles roulent sans se briser; il convient donc de choisir le moment où la terre est assez essuyée.

Tantôt le hersage se fait dans le sens du sillon, tantôt dans le sens opposé ; il serait avantageux, si le temps le permettait, de faire un hersage croisé.

Le rouleau est employé généralement en même temps que la herse; si les mottes n'ont pas été brisées par cet instrument, le rouleau les enfonce dans la terre, et les soumet ainsi à l'effet d'un second hersage, qui sera plus efficace.

Dans les contrées sablonneuses, le rouleau affermit le sol, unit sa surface et permet de répartir les semences plus uniformément.

On emploie la herse comme le rouleau avant ou après les semences; avant, pour préparer la terre à mieux les recevoir; après, pour les recouvrir. Ce dernier mode est le plus usité.

Lorsque nous parlerons des plantes, nous expliquerons les autres façons à donner au sol pour les amener à leur maturité.

CHAPITRE VII

ASSOLEMENTS — JACHÈRE

Assolements.

« L'assolement est l'art de faire alterner les cultures sur le même terrain, pour en tirer constamment le plus grand produit aux moindres frais possibles. » (André Thouin.)

Les plantes puisent dans la terre la plupart des substances nécessaires à leur développement; chaque récolte enlève au sol sur lequel elle a vécu une partie plus ou moins considérable de ces substances. Or, si une terre produisait les mêmes plantes pendant plusieurs années consécutives, ces plantes finiraient par lui avoir emprunté toutes les substances à leur convenance, et le sol deviendrait stérile.

D'un autre côté, les plantes n'épuisent pas la terre au même degré; les plus épuisantes sont : les céréales, puis le colza, le lin, le chanvre, et celles en général dont on laisse mûrir les graines, parce que, vers l'époque de leur maturité, les feuilles, déjà en partie desséchées, cessent d'absorber les principes nutritifs dans l'atmosphère et laissent aux racines seules le soin de fournir aux besoins de la végétation.

Les cultures considérées comme reposantes ou fertilisantes sont celles qui doivent être fauchées avant l'époque de leur fructification, telles que le trèfle, le sainfoin, la luzerne.

Les céréales, à cause de la rareté et de l'exiguïté de leurs feuilles, laissent la terre exposée à l'influence du soleil et de l'atmosphère ; ce qui favorise la multiplication des mauvaises herbes.

Les plantes que l'on doit biner et sarcler, par exemple, les pommes de terre, les betteraves, sont de bonnes préparations à la semence des céréales, parce que ces façons répétées détruisent les plantes nuisibles dont les graines se trouvaient dans la terre ou y avaient été apportées par des causes accidentelles.

Pour faire un bon assolement, il faut donc se rappeler ces principes énoncés dans *la Maison rustique du XIXe siècle :*

« 1° Faire précéder et suivre les cultures épuisantes par d'autres cultures propres à reposer le sol et à lui rendre sa fécondité;

« 2° A une plante d'une espèce faire succéder, autant que possible, une plante d'une autre espèce;

« 3° Aux cultures qui facilitent la croissance des mauvaises herbes, par exemple, les blés, faire succéder des cultures qui les détruisent ou les empêchent de se développer. »

Il n'est pas toujours facile d'établir un bon assolement; le cultivateur doit consulter le sol, le climat, ses besoins, les prix de la main-d'œuvre, les expériences de ses voisins qui passent pour les agriculteurs les plus intelligents.

Dans quelques départements, on adopte l'assolement *biennal* ou de deux ans. Ainsi on sème :

1re année, pommes de terre, fèves, maïs ou betteraves, le tout bien fumé et sarclé;

2e année, froment ou seigle sans engrais.

Cet assolement est vicieux, parce qu'il ramène trop souvent aux mêmes places les mêmes végétaux; il ne peut être appliqué que dans les terres riches et exige beaucoup d'engrais.

L'assolement *triennal* ou de trois ans participe aux mêmes inconvénients; ainsi on sème :

1re année, betteraves ou navets; 2e, orge; 3e, blé; ou bien :

1re année, pommes de terre; 2e, orge; 3e, trèfle; ou bien :

1re année, fèves; 2e, avoine; 3e, trèfle.

Dans le premier exemple, la terre bien fumée, bien ameublie, peut fournir deux belles récoltes de céréales ; mais si l'on continuait ainsi longtemps, les récoltes des deux céréales deviendraient de moins en moins productives.

Dans les autres exemples, le trèfle revient trop souvent ; des expériences prouvent que cette plante, semée dans le même sol à des époques trop rapprochées, ne donne qu'une récolte médiocre, et nuit même au blé qui doit suivre, au lieu de lui être utile.

L'assolement *quadriennal* ou de quatre ans est la base des bons assolements ; c'est celui qu'on adopte le plus généralement, parce qu'il convient à peu près à tous les terrains.

On sème :

1re année, pommes de terre ou betteraves, fumées et sarclées ;

2e année, avoine avec trèfle au printemps ;

3e année, trèfle, plâtré au printemps ;

4e année, blé froment.

Dans cet assolement, les céréales ne se suivent jamais immédiatement ; les labours, les sarclages donnés la première année détruisent les mauvaises herbes, en ameublissant le sol ; et, si les céréales de printemps (2e année) permettent à ces herbes de se reproduire, le trèfle de la 3e année vient empêcher leur développement.

Nous donnons ci-après un assolement de six ans

qui est suivi dans un assez grand nombre de localités :

1re année, colza, lin, chanvre ou pommes de terre, le tout bien fumé ;

2e année, froment ;

3e année, fèves sarclées ;

4e année, avoine avec trèfle ;

5e année, trèfle ;

6e année, froment.

Jachère.

On appelle terre en *jachère* une terre qui reçoit plusieurs labours dans une année sans rien produire.

Une terre est dite *en repos* lorsqu'elle reste un an, deux ans et plus sans être labourée et sans produire.

Un grand nombre d'agriculteurs, quelques auteurs mêmes, confondent ces deux expressions : *en jachère* et *en repos*. Cependant, on voit par la définition donnée plus haut qu'il y a une grande différence dans leur signification.

Dans l'assolement triennal, si un champ a produit deux céréales, c'est-à-dire deux récoltes épuisantes, dans deux années consécutives, chacune de ces récoltes a puisé dans le sol à peu près les mêmes principes fécondants, et les mauvaises herbes n'ont trouvé aucun obstacle à leur reproduction. Si l'on n'a pas une quantité suffisante de fumier pour rendre à ce champ les principes fertilisants qui lui ont été enlevés, il faut le mettre en *jachère*, c'est-à-dire le labourer deux ou trois fois sans l'ensemencer pendant une année.

Mais la jachère, quoique présentant ces avantages, peut être remplacée par la culture de certaines plantes. Ainsi, celles qui exigent des binages et des sarclages répétés rendent le sol meuble et propre, et les fourrages artificiels étouffent les mauvaises herbes. La jachère est une année perdue, pendant laquelle il faut néanmoins travailler la terre sans en rien obtenir. Voilà pourquoi elle disparaît peu à peu des pays où l'agriculture fait des progrès. Dans ces contrées, on n'oublie pas que le fumier est la vraie richesse du cultivateur qui sait varier ses cultures ; on multiplie les plantes et es prairies artificielles ; les fourrages augmentant, les fumiers augmentent aussi, et le cultivateur obtient facilement des produits dans des champs qu'il était forcé de laisser autrefois en jachère.

CHAPITRE VIII

CULTURE DES PLANTES

Les plantes peuvent se partager en trois divisions : les plantes *alimentaires*, les plantes *fourragères*, les plantes *industrielles*.

PLANTES ALIMENTAIRES

Les plantes alimentaires à l'usage de l'homme forment naturellement trois classes : 1° les céréales ; 2° les légumineuses ; 3° les racines alimentaires.

§ 1. — CÉRÉALES.

Les céréales ont pris leur nom de Cérès, déesse des moissons dans la religion des païens. Les principales céréales sont : 1° le froment; 2° le seigle; 3° l'orge; 4° l'avoine; 5° le maïs ; 6° le sarrasin ou blé noir, quoique ce dernier appartienne à une autre famille.

Froment.

Il existe un grand nombre de variétés de froment. Les uns, particulièrement cultivés dans le nord de la France, se distinguent par leur cassure farineuse et leur flexibilité sous la dent ; les autres, cultivés surtout dans le midi, ont un grain très-dur.

Les uns ont le grain blanc, comme le blé des Flandres ; d'autres le grain roux comme le blé de Saumur et le blé de la Haye, dont la culture est très-répandue en Angleterre.

D'autres blés ont de longues barbes; dans cette variété sont les gros blés , qui se distinguent par leurs feuilles larges et leurs épis longs ; la paille forte donne une assez mauvaise litière ; la

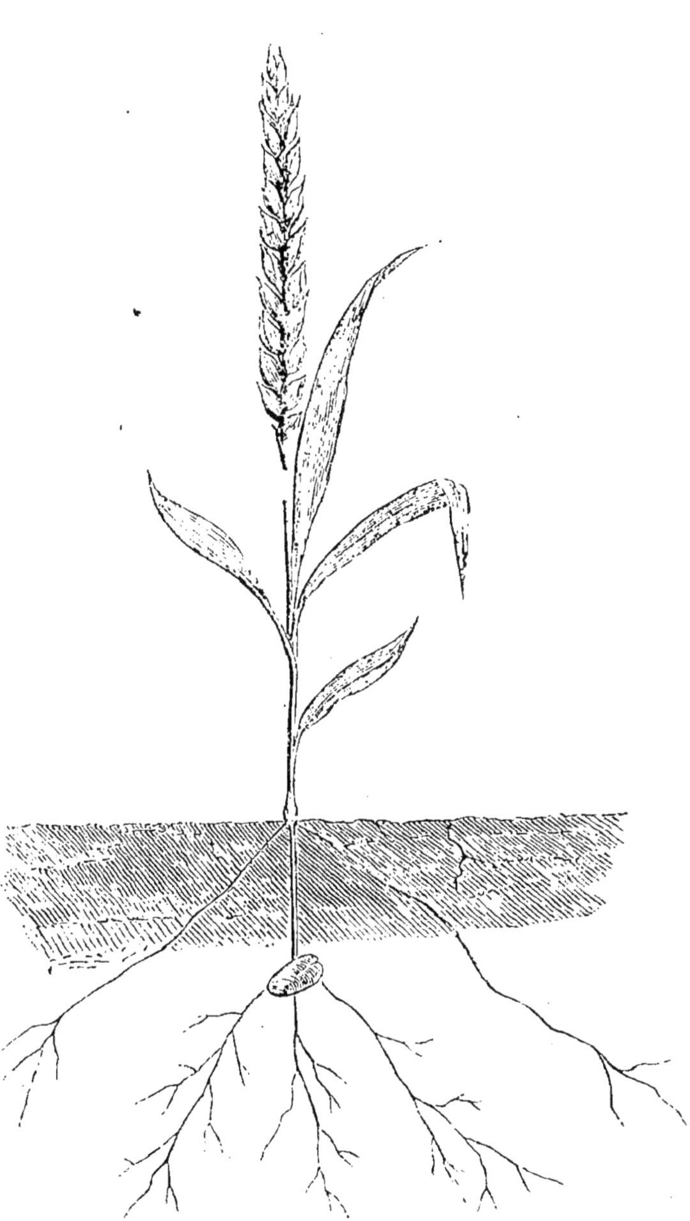

Fig. 14. — Pied de froment.

farine produite par ce blé est moins blanche et le son plus abondant.

Parmi les blés barbus, il faut citer les *épeautres*, toutes remarquables par l'adhérence du grain à son enveloppe, ce qui les fait ressembler à l'orge. Ces blés sont très-rustiques ; ils viennent dans des terrains pauvres et sont cultivés surtout dans les montagnes.

Les blés se divisent aussi en blés d'hiver, blés de printemps ou de mars ; les premiers sont ainsi appelés parce que, étant semés à l'automne, ils passent l'hiver en terre, tandis que les autres ne sont semés que dans les mois d'avril ou de mai.

En général, on ne sème les blés de printemps que pour remplacer les blés d'hiver qui auraient été trop endommagés par un hiver rigoureux.

Description d'un pied de froment.

Voici les parties principales d'un pied de froment :

Le grain mis en terre ; les racines plongeant dans le sol par plusieurs petits fils appelés *le chevelu ;* au-dessus de la racine, un petit renflement nommé *le collet ;* la tige à laquelle sont attachées les feuilles. Au sommet de la tige ont paru les fleurs, qui ont ensuite fait place aux grains composant l'épi ; chaque grain est enfermé dans une enveloppe appelée *balle ;* c'est pour l'en faire sortir qu'on le *bat*.

Terres qui conviennent au blé.

Le froment réussit très-bien dans les terrains argilo-siliceux ; il donne aussi de belles récoltes quand le sol renferme une petite quantité de calcaire. Avec du travail, avec la distribution intelligente des engrais, il est peu de terres qui ne puissent produire du froment.

Dans l'assolement triennal, c'est toujours sur la jachère, après trois labours, qu'on sème le blé ; dans les autres assolements, on le place ordinairement après les plantes sarclées et fumées. Mais c'est surtout après le trèfle qu'il réussit bien : on rompt le trèfle après sa première année et l'on sème le froment sur un seul labour ; il est bon que ce labour soit profond et qu'il soit donné un mois avant la semaille, afin que le terrain ait le temps de se rasseoir. Si le trèfle est rompu par un temps sec, on peut semer de suite après avoir tassé la terre avec un pesant rouleau.

Le blé vient mal après une autre céréale, à moins qu'on ne donne au champ une forte fumure.

On sème ordinairement le froment sur deux labours suivis d'un hersage ; mais dans les terres légères, surtout si elles viennent d'être dépouillées d'une récolte sarclée, un labour suffit.

Époque des semailles.

Les semailles se font en France depuis le 15 septembre jusqu'en décembre ; la meilleure époque paraît être vers le milieu d'octobre dans le centre. Dans les pays de montagnes, on sème dès les premiers jours de septembre. En général, il vaut mieux semer tôt que tard ; car les bonnes récoltes dépendent le plus souvent de la vigueur que le blé a acquise pour résister aux froids de l'hiver.

Choix des semences.

Le blé que l'on destine à l'ensemencement doit toujours être choisi avec soin ; on peut obtenir de belles semences en battant légèrement l'extrémité des gerbes sur une planche ; par ce moyen, on ne fait sortir que les grains les plus mûrs et les plus beaux.

L'utilité du changement de semences pour le blé est encore bien contestée. Un grand nombre d'habiles agriculteurs ne sèment jamais dans leurs champs le blé qu'ils y ont récolté ; ils prétendent que le grain finit par dégénérer. D'autres cultivateurs très-expérimentés sèment toujours le blé de leurs propres récoltes, en ayant soin de choisir le plus mûr et le plus net. D'autres enfin renouvellent leurs semences tous les trois ans.

Quelle que soit la pratique adoptée, le cultivateur n'oubliera pas ces principes : « Si les terres à ensemencer sont peu favorables au blé, il faut prendre des semences produites par un sol plus propice ;

« Les semences seront prises au nord plutôt qu'au midi de la localité. »

Dans sa localité, le cultivateur pourra ensemencer une terre argileuse avec des grains provenant d'une terre calcaire et *vice versa*, parce que les graines étrangères, qui, malgré les soins du cultivateur, restent dans le blé du sol argileux, se reproduiront plus difficilement et en plus petit nombre dans le sol calcaire.

On choisit ordinairement le blé de l'année; la germination se fait plus promptement et les plantes sont moins exposées aux ravages des insectes.

Préparation des semences.

Le froment est souvent attaqué par une maladie appelée *carie* ou *charbon*, qui, dans les grains, remplace la farine par une poussière noire répandant une mauvaise odeur.

On peut éviter le plus souvent cette maladie au blé, en faisant subir aux grains une préparation, avant de les semer. On appelle généralement cette opération *chaulage des blés*.

Le procédé le plus employé est celui indiqué par Mathieu de Dombasle; le voici :

On fait dissoudre 8 kilogrammes de sulfate de soude (sel de Glauber) dans 1 hectolitre d'eau, et l'on agite fortement le mélange; on répand ensuite le blé sur le plancher, où il est retourné avec des pelles de bois, pendant qu'on l'arrose avec le liquide de la dissolution. Ordinairement 1 hectolitre de blé absorbe 6 à 8 litres de liquide.

Au commencement de l'opération, on avait fait

fuser de la chaux en l'arrosant avec une petite quantité d'eau; on prend donc cette chaux en poudre dans une écuelle de bois et l'on en répand environ 2 kilogrammes par hectolitre de blé, pendant qu'on continue à le brasser avec la pelle, jusqu'à ce que tous les grains paraissent couverts de chaux. Le germe de la carie, qui se trouve sur l'enveloppe du grain, est alors détruit.

Dans un grand nombre de départements, on remplace le sulfate de soude par le sulfate de cuivre (vitriol bleu), qui paraît plus efficace. Mais ce sel est un dangereux poison; il convient que son emploi soit surveillé par celui qui dirige la ferme ou par le maître lui-même.

Manière de semer.

Une fois les semences préparées, on les répand, soit à la volée, soit au semoir.

Les semailles à la volée se font *sur raies* ou *sous raies* :

Sur raies, c'est-à-dire à la surface du champ pour être recouvertes à la herse, lorsque les labours sont complets;

Sous raies, c'est-à-dire de manière à être recouvertes par la charrue au dernier labour.

L'emploi des semoirs commence à se généraliser; on obtient une économie de semence au moins d'un quart; et, comme les grains se sèment en lignes, le travail des sarclages s'opère plus facilement. Dans une exploitation importante, avec des attelages bien exercés, les semoirs rendent de grands services.

Quantité de semences à employer.

La quantité de semence à employer dépend de la nature et de l'état du sol, et de l'époque des semailles.

Lorsque le terrain est riche et bien meuble, et que l'on sème par le beau temps, chaque graine lève et *talle* mieux, c'est-à-dire produit plusieurs tiges ; il faut donc semer plus clair.

Dans une terre médiocre, sous un climat humide, surtout si l'on sème tard, il faut semer plus épais, parce qu'un grand nombre de grains ne germeront pas ou auront plus de difficulté pour traverser la mauvaise saison.

En général, à la volée on sème 230 à 250 litres par hectare ; au semoir, on économise un quart de la semence, parce qu'on la répand plus également et à une profondeur plus uniforme.

L'ensemencement terminé, on ne donne aucune culture au blé jusqu'au printemps ; à cette époque, un hersage léger lui est utile pour l'ameublissement qu'il procure à la terre ; en outre, les dents de la herse soulèvent le sol et rechaussent le pied des plantes, ce qui favorise le tallage, c'est-à-dire le développement des tiges latérales. Le cultivateur ne doit pas se laisser effrayer par les quelques plantes plus ou moins faibles que la herse enlève ; le vide sera bientôt comblé.

Moissons.

C'est ordinairement vers le milieu de juillet que commence la récolte du blé. Il importe que le froment soit moissonné quelques jours avant sa complète maturité ; on évite ainsi les pertes souvent considérables, qui peuvent résulter de l'égrenage des blés récoltés trop mûrs.

On doit laisser mûrir le plus possible le blé que l'on destine aux semences.

On coupe le froment à la faucille ou à la faux. La faucille est l'instrument connu de toute antiquité ; elle fait perdre un temps précieux par la lenteur de l'opération ; elle impose aux moissonneurs un surcroît de fatigue, en les obligeant à travailler courbés; elle laisse sur pied une partie de la paille que l'ouvrier ne peut jamais prendre assez près de terre.

La faux est préférable, quoique le fauchage imprime aux blés bien mûrs une secousse qui peut les faire égrener ; un ouvrier habile connaît cet inconvénient et sait l'éviter.

A la faucille, un ouvrier ne peut moissonner qu'une superficie de 25 ares par jour, tandis qu'à la faux, il peut couper de 60 à 70 ares. La faucille finira donc par disparaître de nos habitudes.

Lorsqu'on se sert de la faucille, l'ouvrier prend la poignée de blé qu'il vient de couper et l'étend sur le champ pour la faire sécher ; c'est cette poignée que l'on appelle *javelle*.

Lorsqu'on emploie la faux, une femme ou un

enfant suit le faucheur et étend les javelles sur le champ. Ces javelles sont retournées une ou plusieurs fois par jour, suivant le degré de chaleur, et lorsqu'elles sont suffisamment sèches, on en forme des *gerbes*.

Fig. 12. — Moisson.

Les gerbes se font de différentes manières : tantôt on prend plusieurs javelles que l'on entasse l'une sur l'autre, en dirigeant les épis du même côté ; on les lie avec des liens de paille de seigle cordée ou avec de petites branches de bois flexible que l'on a tordues avant la moisson.

Si la pluie est menaçante, on appuie trois gerbes l'une contre l'autre, en les inclinant légèrement ;

une quatrième gerbe peu serrée est posée sur les trois autres, les épis en bas.

C'est ce qu'on appelle mettre les blés en *moyettes*.

Quelquefois on forme des gerbes très-lourdes pesant jusqu'à 40 kilogrammes.

Si l'on entre les blés dans les granges, on doit pratiquer pendant quelques jours des ouvertures aux toits, pour laisser échapper les vapeurs produites pendant la fermentation.

Il est rare que le cultivateur ait dans ses bâtiments une place suffisante pour loger toutes ses gerbes; il en forme alors des *meules* dans ses champs, à proximité de son habitation, en ayant soin de terminer la partie supérieure de la meule par une espèce de toit de paille, qui facilite l'écoulement des eaux.

Battage.

On appelle *battage* des grains l'opération qui consiste à séparer le grain de la paille.

On obtient ce résultat par le battage au fléau, par le dépiquage, par l'égrenage au moyen de machines.

Le *fléau* est un instrument composé de deux bâtons d'inégale longueur attachés l'un au bout de l'autre par des courroies; ce mode de battre est très-lent; il laisse toujours quelques grains dans l'épi et ne peut convenir qu'aux petites cultures.

Le *dépiquage*, adopté dans le Midi depuis longtemps, est l'égrenage fait au moyen du piétinement des animaux. On étend des gerbes dans l'aire, et les chevaux, les mulets, les ânes, même les bœufs attelés deux à deux piétinent depuis le matin jusqu'au soir. Ce mode a plusieurs inconvénients ; comme il se fait toujours en plein air, on a à craindre la pluie et les orages, et, comme on doit employer un grand nombre d'animaux, le prix de ce travail est élevé. De plus, il reste quelques grains dans les épis. Il est vrai que la paille mieux brisée est préférée par les animaux.

Mais l'égrenage le plus parfait s'obtient par les *machines à battre;* l'agriculture en possède aujourd'hui de nombreux modèles ; il serait difficile dans ce petit traité d'en décrire le mécanisme. Disons seulement que la plupart opèrent le battage d'une manière si parfaite, que le grain séparé de la paille tombe net et propre dans un sac, dans lequel l'ouvrier le transporte au grenier.

Ces grandes machines sont mises en mouvement par l'eau ou la vapeur.

Depuis plusieurs années, des industriels portent des machines à battre de ferme en ferme dans les pays de grande culture, et, en peu de jours, le blé est battu moyennant un prix fixé par hectolitre.

On peut aussi mettre en mouvement les machines à l'aide de chevaux ou de bœufs. Trois chevaux ou quatre bœufs suffisent pour les instruments de moyenne grandeur. On les appelle *machines à manége*. Elles exigent l'emploi de quatre ouvriers et peuvent donner un battage de 25 à 30 hectolitres de grains par jour. — Leur prix varie de 500 à 1,000 francs.

Produit du froment.

Les plus mauvaises terres à froment donnent un rendement de 10 hectolitres à l'hectare ; les meilleures de 30 à 35 hectolitres. La moyenne en France est à peu près de 17 hectolitres à l'hectare.

Seigle.

Le seigle est la céréale qui convient le mieux aux terrains sablonneux, pauvres, et aux terres nouvellement défrichées ; son prix étant inférieur à celui du froment, on ne doit le cultiver que dans les terres qui ne donneraient pas une récolte de froment suffisamment rémunératrice.

Fig. 13.--Seigle.

On cultive le seigle d'automne et le seigle de printemps. Le seigle d'automne se sème après un ou deux labours, à raison de 200 à 250 litres par hectare ; il faut le semer de bonne heure, environ deux semaines avant le froment, car formant son épi dès la fin d'avril, il doit *taller* avant l'hiver, ce qui n'a pas lieu pour le blé.

On récolte le seigle comme le froment, un peu avant sa maturité complète.

Le seigle de printemps est peu productif ; on

le sème rarement, et seulement pour remplacer le seigle d'hiver que des froids rigoureux auraient endommagé.

Vers la fin de juin, on peut semer un seigle appelé multicaule, ou seigle de la Saint-Jean; chaque grain forme un grand nombre de tiges; au mois d'octobre, on le coupe pour fourrage. Au printemps suivant, il repousse et donne une récolte passable. Son grain est petit et de médiocre qualité. On ne le sème que pour avoir du fourrage, et pour utiliser des terrains trop pauvres pour recevoir du seigle ordinaire.

Dans les bonnes terres on obtient un rendement de 20 à 25 hectolitres par hectare.

Sa paille longue est très-recherchée pour faire des liens à gerbes, pour tresser certains paniers, pour faire des toits de chaume, pour pailler des chaises.

Comme fourrage, elle est de médiocre qualité.

Le seigle est sujet à une maladie appelée ergot. Après la fleur, le grain est remplacé par une excroissance qui a la forme d'un ergot de coq. L'ergot est absolument impropre à la nutrition ; il a même une action malfaisante.

Méteil.

Dans plusieurs parties de la France, on sème à la fois sur le même sol, et l'on récolte en même temps du seigle et du froment mêlés ensemble. Ce mélange s'appelle méteil, et donne un pain bis de très-bonne qualité. Il vaudrait mieux cependant cultiver séparément les deux céréales et ne mélanger les farines qu'au moment de la panification.

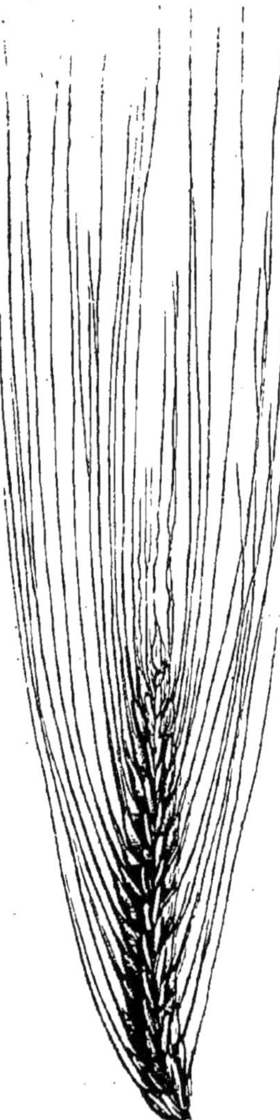

Fig. 14. — Orge.

Orge.

On compte plusieurs espèces d'orge ; les unes ont le grain adhérent à la balle, les autres ont le grain libre. On en cultive à deux, à quatre et à six rangs de grains.

L'orge aime une terre légère, meuble, riche et fraîche ; elle réussit bien dans les terres calcaires. La rapidité de sa végétation permet de la cultiver dans des montagnes élevées. En Suisse, on en trouve à plus de 1,800 mètres au-dessus du niveau de la mer.

L'orge de printemps est la plus généralement cultivée ; elle exige un terrain bien ameubli et réussit surtout après les récoltes sarclées. Si l'on fume le sol qui doit la recevoir, il faut employer des engrais bien décomposés.

On ne doit semer que par un temps sec, à raison de 2 à 2 hectolitres 1/2 de grain par hectare, à la fin de mars, dans les terres sablonneuses; et vers le 15 avril, dans les terres argileuses.

Elle se moissonne lorsque la maturité est complète; et les gerbes sont rentrées, lorsqu'elles sont tout à fait sèches, pour éviter la fermentation qui ne tarderait pas à se produire dans les granges ou dans les meules.

Le pain d'orge est noir, quoique nourrissant; pour l'améliorer, on peut mélanger la farine avec celle de seigle ou de froment.

En médecine, on regarde le grain d'orge comme rafraîchissant.

Dans les pays où la vigne ne réussit pas, il s'en fait une grande consommation pour la fabrication de la bière.

Dans le Midi, l'orge remplace l'avoine pour la nourriture des chevaux; elle est aussi très-avantageuse pour engraisser rapidement les bœufs, les cochons, la volaille.

Elle est une des récoltes les plus productives; dans les bonnes terres; on obtient jusqu'à 60 hectolitres par hectare; la récolte moyenne est de 35 à 40 hectolitres par hectare.

Avoine.

Plusieurs variétés d'avoine sont cultivées; l'avoine commune est généralement adoptée, parce qu'elle réussit à peu près dans tous les terrains ; ses grains sont blancs ou noirs.

On cultive aussi l'avoine *unilatérale*, dite de

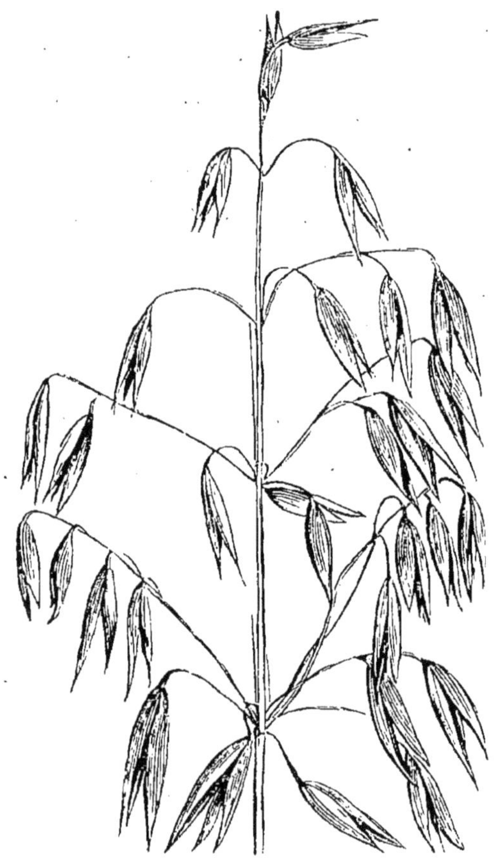

Fig. 15. — Avoine.

Hongrie, dont les épis sont tous dirigés du même côté de la tige ; l'avoine noire de cette variété donne d'excellents produits dans les bonnes terres ; la blanche réussit mieux dans les terres médiocres.

Dans quelques contrées, on sème à la fin de septembre une avoine d'hiver qui se reconnaît à ses balles rayées de gris brun.

L'avoine est la plus robuste des céréales; cependant elle redoute les trop fortes chaleurs; elle réussit dans les terres sablonneuses comme dans les terres fortes, mais elle ne donne un produit élevé que dans les bonnes terres argileuses. On obtient des résultats satisfaisants dans les sols nouvellement défrichés ou dans les prairies artificielles que l'on vient de rompre.

Elle se sème en février ou mars, après un seul labour, quand elle remplace des plantes sarclées ou un trèfle d'un an; mais il faut deux ou trois labours dans les terres fortes argileuses.

On met ordinairement 250 litres de grains par hectare.

On coupe l'avoine, lorsqu'elle est encore un peu verte, pour éviter l'égrènage; on la laisse deux ou trois jours en javelle sur le champ où elle achève sa maturité.

Dans les bonnes terres, on a obtenu jusqu'à 35 et 40 hectolitres par hectare; dans les sols de qualité moyenne, on obtient facilement de 25 à 30 hectolitres.

Le poids des grains varie beaucoup; on en trouve qui pèsent 35 kilogrammes l'hectolitre; d'autres vont jusqu'à 55 kilogr. La bonne avoine du commerce pèse de 45 à 48 kilogrammes.

Cette céréale est employée généralement à la nourriture des chevaux ; les autres animaux domestiques l'aiment aussi avec passion.

Dans plusieurs départements, on l'emploie comme aliment sous forme de gruau.

Maïs.

Le maïs aime une température élevée; voilà pourquoi il ne réussit pas dans le nord de la France.

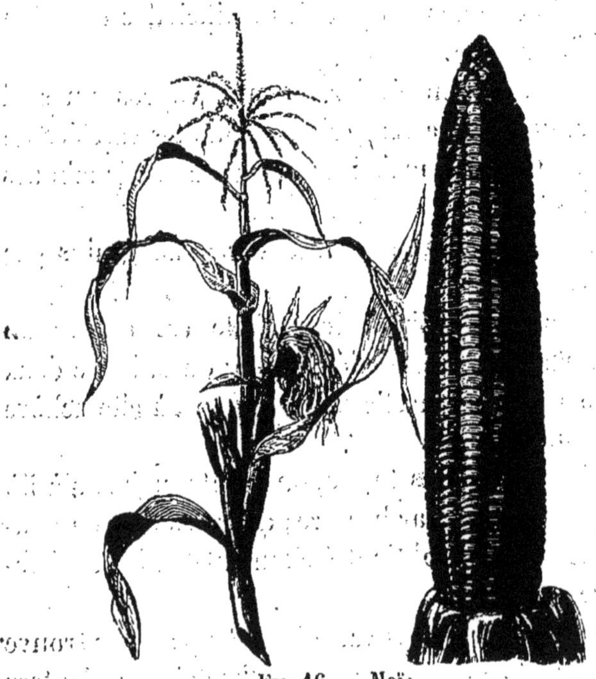

FIG. 16. — Maïs.

On cultive des variétés de maïs donnant des

grains de trois couleurs différentes, jaunes, blancs et rouges ; les jaunes sont les plus répandus.

Les terres de diverse nature lui conviennent, pourvu qu'elles soient ameublies et fumées ; ainsi, il prospère dans les terres argilo-sablonneuses de la Bresse et dans les sables de l'Alsace ; il donne des produits satisfaisants dans les Landes, dans des sols qui ne produiraient ni orge, ni froment.

On le sème de la mi-avril à la fin de mai, au moment où l'aubépine commence à fleurir, à raison de 65 à 70 litres par hectare.

Le maïs doit être semé en lignes : quelquefois un ouvrier suit la charrue et dépose les grains dans les sillons ; ce procédé ne peut être employé que pour des sols légers où le labour n'a pas plus de 7 à 8 centimètres de profondeur. Il est plus avantageux d'employer un semoir, ou, à défaut de cet instrument, de tracer des raies et de planter à cinq centimètres de profondeur.

Les lignes doivent être espacées de 70 à 80 centimètres dans les pays fertiles, et les plantes éloignées de 50 centimètres les unes des autres dans chaque ligne.

Lorsque les tiges ont atteint 20 centimètres de hauteur, il faut leur donner un premier binage et enlever les plantes superflues ; quinze ou vingt jours après, on donne un deuxième binage, en détruisant les rejets qui partent de la tige principale. On a soin d'accumuler la terre au pied de chaque plante pour lui donner plus de vigueur, et la rendre capable de résister à la sécheresse. Dans la grande culture, ce binage est donné avec la charrue à deux versoirs.

La récolte arrive en septembre ou octobre; le grain devient dur et peut être difficilement partagé avec l'ongle. On détache les épis de la tige et on les transporte à la ferme, où il est utile de les dépouiller de leurs enveloppes, pour favoriser l'évaporation de l'humidité. On les fait sécher sous des avant-toits ou des hangars.

Pendant l'hiver a lieu l'égrenage; le plus souvent, l'ouvrier frotte les épis contre une lame de fer fixée au banc sur lequel il est assis; quelquefois, lorsque le grain est bien sec, on le bat au fléau.

Le produit du maïs est communément supérieur d'un tiers à celui du blé cultivé sur le même terrain. Dans un sol fertile et bien fumé, on a obtenu jusqu'à 60 à 80 hectolitres de grains par hectare.

La farine de maïs préparée en bouillie est un des principaux aliments de plusieurs cantons de l'Ain, du Jura, du Doubs, de la Savoie; elle prend dans ces pays le nom de gaudes, dans le Midi celui de miliasse, en Piémont celui de polenta.

Le grain de maïs renferme plus de matières grasses que les autres; voilà pourquoi il est préféré pour l'engraissement des animaux.

Dans un grand nombre de localités, après la moisson du blé, on sème du maïs à la volée, à raison de 2 hectolitres par hectare, et dans le courant d'octobre, on récolte un fourrage que les bêtes à cornes mangent avec plaisir. Il convient de le mêler à d'autres fourrages, surtout pour la nourriture des vaches laitières.

Sarrasin.

Le sarrasin ou blé noir est une ressource précieuse pour les terrains trop pauvres pour produire une autre récolte de printemps; il épuise peu le sol et généralement il peut se passer d'engrais.

On le sème à la volée, au printemps, à raison de 50 à 100 litres par hectare. Dans les contrées d'une fertilité ordinaire, sous un climat un peu chaud, on le sème en seconde récolte, ou récolte *dérobée*, après le seigle ou le blé, c'est-à-dire vers la fin de juillet.

Sa croissance est très-rapide; deux ou trois mois suffisent pour le faire mûrir; la moindre gelée le détruit.

Lorsque la plupart des grains sont noirs, on le récolte à la faux ou à la faucille, on le lie par poignées assez grosses pour qu'elles puissent se tenir debout, et, après quelques jours, on les rentre sans trop les agiter, pour éviter l'égrenage.

Le produit est très-variable; on peut considérer 20 à 25 hectolitres par hectare comme une bonne récolte.

La farine de sarrasin donne un pain noir, lourd, qui lève peu; dans les pays pauvres, on en fait une assez grande consommation; on la mange aussi sous forme de galettes cuites sur une plaque de fer.

Les grains sont très-précieux pour l'engraissement des animaux domestiques ; c'est avec du sarrasin que sont engraissées les volailles si estimées de la Bresse et du Mans.

La paille, bonne pour litière, constitue un mauvais fourrage.

§ 2. — PLANTES LÉGUMINEUSES.

Parmi les légumes les plus utiles à la nourriture de l'homme, se trouvent les fèves, les haricots, les pois et les lentilles.

Fèves.

On distingue deux espèces : les fèves proprement dites, à grains larges et plats, et les féveroles à grains petits et presque cylindriques.

La fève aime un terrain fort, argileux, fumé ; c'est une récolte peu épuisante, qui forme une excellente préparation pour le froment, à cause des sarclages qu'elle exige et des principes azotés que ses racines et son chaume laissent dans le sol, principes que les feuilles de la fève puisent en abondance dans l'atmosphère.

Il est utile de semer de bonne heure, en mars, sur un deuxième labour, le premier ayant été donné l'automne précédent.

Si les sarclages doivent se faire à la main, on sème à la volée 200 ou 220 litres par hectare ; dans le cas contraire, 150 litres suffisent pour les semences en lignes.

On doit biner et sarcler au moins deux fois; la première façon se donne quand les plantes ont 8 à 10 centimètres de hauteur, et la deuxième quinze ou vingt jours après.

On coupe les fèves à la faucille, quand les gousses sont presque toutes noires; quelquefois on arrache les tiges, on les laisse deux ou trois jours sur le terrain en javelles, puis on les met en meules ou en granges.

Le produit des grains est de 15 à 16 hectolitres par hectare dans les terrains médiocres, et de 20 à 25 hectolitres dans les bons sols.

Les fèves contribuent à la nourriture de l'homme; quand elles cuisent bien, elles donnent une soupe assez recherchée des habitants des campagnes. La farine se mêle souvent à celle du froment dans la proportion d'un dixième, pour la confection du pain.

Les féveroles sont employées spécialement à la nourriture des chevaux et des bêtes à l'engrais.

Haricots.

On partage les haricots en deux divisions : les haricots à rames et les haricots nains; les uns se mangent verts, les autres en grains; les blancs sont les plus recherchés dans le commerce.

Voici les variétés les plus estimées : *haricot de Soissons*, *sabre d'Allemagne*, *mange-tout*, *flageolet*.

Les haricots aiment un terrain substantiel, meuble, frais; la sécheresse leur est nuisible; leurs feuilles n'ont pas la propriété de puiser dans l'atmosphère les gaz fécondants; aussi sont-ils considérés comme épuisants. Il ne faut donc pas les faire suivre d'une récolte de blé.

On sème ordinairement, lorsqu'on n'a plus à craindre les gelées du printemps, au mois de mai, sur un léger labour. On trace des raies espacées de 40 centimètres, et, en suivant la raie, l'ouvrier dépose à 3 ou 4 centimètres de profondeur cinq ou six grains tous les 30 centimètres. On emploie généralement 1 hectolitre 1/2 de semences par hectare.

On donne un premier binage, lorsque la plante a atteint 6 ou 7 centimètres de hauteur, puis un second à l'époque de la floraison; c'est à ce moment qu'on les rame, c'est-à-dire qu'on enfonce, au pied des plantes, de longues perches autour desquelles elles grimpent.

Dans la grande culture, on ne s'occupe généralement que des haricots nains.

Le produit des haricots est aussi considérable que celui du blé; on obtient de 22 à 28 hectolitres par hectare.

C'est la graine légumineuse qui passe pour contenir le plus de principes nourrissants; aussi la cultive-t-on partout où le climat peut favoriser sa production.

Pois.

On cultive les pois en grand pour la nourriture de l'homme et pour celle des animaux.

On les divise en pois des champs et en pois de petite culture.

Les pois des champs sont gris, verts et jaunes; ils aiment un sol léger, mais fertile et bien préparé. Il est avantageux que le terrain ait reçu l'engrais l'année précédente.

Tout le monde sait que les grains sont attaqués par un insecte qui s'y loge; il faut avoir soin de ne prendre pour semence que les grains intacts.

Les pois se sèment ordinairement à la volée, au commencement de mars, à raison de 150 litres par hectare, après un seul labour.

Si l'on sème en ligne, on économise un quart de la semence et l'on obtient un produit plus avantageux.

On fauche les *fanes* ou tiges, lorsque les trois quarts des gousses environ sont arrivées à maturité.

Les produits sont variables; le pois vert normand donne de 12 à 15 hectolitres par hectare, quand il est semé à la volée, et de 18 à 20 lorsqu'il est semé en ligne. Le pois jaune d'Auvergne est plus productif.

On s'occupe des pois de petite culture dans le voisinage des villes où la vente en est facile. On en fait deux divisions : les pois à écosser, ou pois sucrés, et les pois mange-tout. Dans les premiers, le grain s'enlève de la cosse et se mange vert, les autres se mangent entiers, cosses et grains.

Les pois à écosser sont ordinairement à rames; les autres sont nains le plus souvent.

Lentilles.

La lentille est un légume très-nourrissant, quoique d'une digestion assez difficile; on la cultive aussi pour le fourrage, qui est riche en parties nutritives.

Elle vient bien dans les terres légères, calcaires, et se contente d'un sol de médiocre qualité.

On la sème ordinairement vers le milieu d'avril, en lignes, à la suite de la charrue, ou à la volée. Ce dernier mode est le seul employé quand on la cultive pour le fourrage; on sème, dans ce cas, 150 litres à l'hectare.

Lorsque les gousses prennent une teinte roussâtre, on arrache les tiges, on les laisse sécher par petites bottes, et l'on bat au fur et à mesure des besoins.

Il convient de laisser dans les gousses les lentilles que l'on doit conserver pour semences.

Le produit est en général peu abondant : 8 à 10 hectolitres par hectare sont considérés comme une récolte ordinaire dans les terrains de fertilité moyenne.

§ 3. — RACINES ALIMENTAIRES.

Les racines alimentaires constituent de précieuses ressources pour la nourriture de l'homme et surtout pour celle des animaux.

Les principales sont : la pomme de terre, la betterave, la carotte, le navet, le turneps, la rave et le rutabaga.

Pommes de terre.

La pomme de terre, originaire de l'Amérique, n'est cultivée en France que depuis environ un siècle ; c'est aux écrits et aux efforts de Parmentier qu'on en doit la propagation.

Les variétés sont très-nombreuses ; M. de Gasparin les a partagées en trois classes :

1° Les patraques, tubercules généralement arrondis, yeux nombreux et apparents ;

2° Les parmentières, tubercules oblongs, un peu aplatis, yeux rares ;

3° Les vitelottes, forme cylindrique, yeux rapprochés, un peu enfoncés.

Les patraques conviennent à la grande culture ; elles donnent des produits abondants, les autres sont plus fines et plus délicates pour la table.

La pomme de terre vient bien dans les terrains légers, sablonneux ; elle ne réussit pas dans les sols argileux trop compactes ; elle craint plus l'excès d'humidité que la sécheresse.

Elle exige un sol meuble ; aussi deux labours sont

nécessaires; l'un profond, en automne, l'autre plus superficiel, au printemps, au moment de la plantation.

On choisit pour semence des pommes de terre saines, que l'on plante entières, si elles sont de moyenne grosseur, ou coupées en deux ou trois morceaux, si leur volume est considérable. Dans ce dernier cas, il faut que chaque morceau ait deux ou trois yeux.

La quantité à employer est de 20 à 25 hectolitres par hectare. Voici comment se fait la plantation : on ouvre des raies à la charrue, une femme suit le laboureur, et dépose le tubercule, non au fond des sillons, mais contre la bande soulevée, à peu près à 10 centimètres de profondeur. Les plants doivent avoir une distance de 30 à 35 centimètres les uns des autres; on laisse ensuite le laboureur tracer deux sillons sans rien planter, et l'on dépose des semences de la même manière dans le troisième sillon; il y a ainsi deux raies vides entre deux raies plantées, ce qui donne des rangées espacées de 65 à 70 centimètres environ.

On donne aux pommes de terre un binage soigné, dès que les tiges ont 8 ou 10 centimètres hors de terre, et un buttage vingt à trente jours plus tard. Quand elles sont plantées en lignes, la première façon peut se donner avec la houe à cheval, et la deuxième avec la charrue à deux versoirs.

Lorsque les tiges et les feuilles sont flétries, il faut faire la récolte. On arrache les tubercules avec une fourche à trois dents (trident) ou avec la charrue, on les laisse un peu sécher sur le champ, et on les rentre dans les celliers ou les silos.

On construit les silos en creusant un fossé de 40 centimètres de profondeur sur 2 mètres de largeur, on remplit ce fossé de pommes de terre, et l'on élève le monceau à 70 centimètres au-dessus du sol, en talus triangulaire, c'est-à-dire terminé en forme de toit de maison. On recouvre le tout de paille, puis de terre bien battue ou tassée avec la pelle, et l'on creuse une rigole autour du silo, afin que l'eau n'arrive pas par infiltration jusqu'aux tubercules.

Le produit moyen des pommes de terre, dans un bon sol, est de 250 hectolitres par hectare.

Dans le nord de l'Europe, on distille beaucoup de pommes de terre pour en obtenir de l'eau-de-vie.

On peut les servir au bétail crues ou cuites; crues elles poussent à la production du lait, cuites à celle de la graisse.

Des expériences prouvent que 875 grammes de pommes de terre renferment autant de matières nutritives que 500 grammes de bon foin.

Betterave.

On cultive principalement deux variétés de betteraves : la betterave rose, ou *racine de disette*, et la blanche de Silésie.

La racine de la première croît en partie hors de terre; la deuxième est plus sucrée.

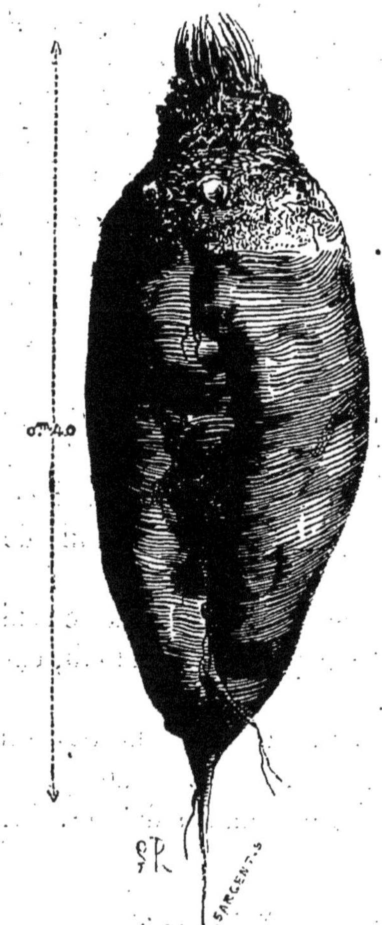

Fig. 17. — Betterave.

La betterave préfère les sols frais, profonds, bien fumés et bien ameublis ; deux labours sont nécessaires, le premier à l'automne, l'autre au printemps, au moment de la semence.

On sème sur place ou en pépinière. Dans la première méthode, au commencement de mars, on trace des lignes séparées de 75 centimètres, si l'on doit se servir de la houe à cheval, ou de 48 centimètres, si les sarclages se font à la main; un ouvrier fait des trous d'environ 3 centimètres de profondeur, espacés de 25 à 30 centimètres, et y dépose trois ou quatre graines.

Si l'on sème en pépinière, on répand la graine à la volée sur le vingtième à peu près du champ qui doit porter la récolte de l'année. En mai ou juin, on arrache les plants, et on les replante dans le champ qui vient d'être labouré; c'est ce qu'on appelle *repiquer*. Cette méthode donne des produits plus abondants que le semis, mais elle est plus dispendieuse.

Quand les plantes sont sorties de terre, on donne au moins deux sarclages.

On récolte la betterave en octobre, à la bèche ou avec un crochet de fer; on coupe les feuilles, qui sont données au bétail, et l'on rentre les racines dans les silos ou celliers.

Lorsqu'elles ont été bien soignées, dans un sol fertile, elles donnent jusqu'à 25,000 kilogrammes de racines par hectare.

Au commencement de ce siècle, on a tenté de faire du sucre avec la betterave. Ces essais ont été couronnés de succès, et aujourd'hui le sucre indigène rivalise avec le sucre de canne des colonies. C'est sutout dans le nord de la France que la fabrication de ce sucre a pris de grands développements. On y cultive de préférence la betterave de Silésie, qui renferme plus de principes sucrés.

On distille aussi la betterave pour en obtenir de l'eau-de-vie.

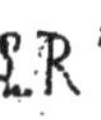

Fig. 18. — Carotte.

Carotte.

La carotte aime un sol léger, frais, bien ameubli; on en cultive surtout deux variétés : la carotte jaune commune, et la carotte blanche à collet vert.

On la sème au commencement de mars, à la volée ou en lignes, à raison de 3 kilogrammes de graines par hectare.

La récolte a lieu en octobre; on conserve ces racines en silos, après avoir coupé un peu du collet, pour l'empêcher de germer.

Le produit par hectare est de 7 à 800 hectolitres

pouvant donner 35 ou 40,000 kilogrammes de racines.

Les carottes sont les racines préférées par le bétail de toute espèce, auquel elles donnent de la force et de l'embonpoint.

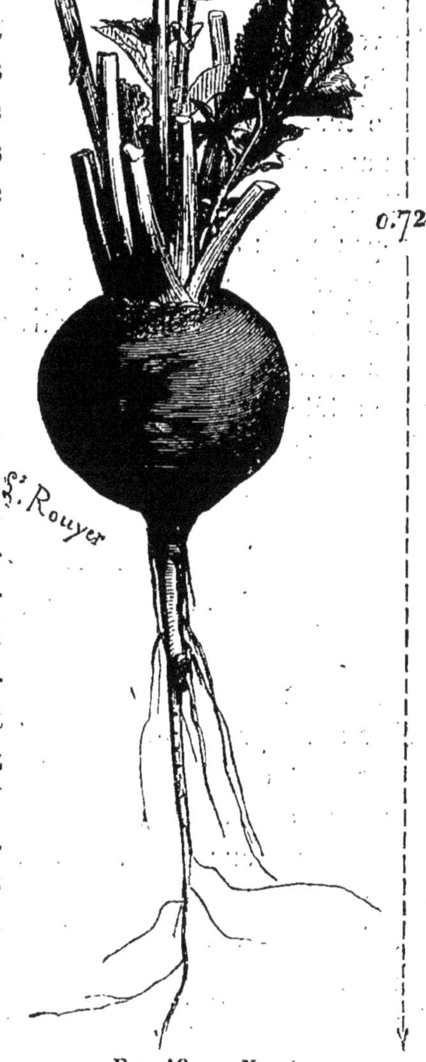

Fig. 19. — Navet.

Navets, turneps, raves et rutabagas.

Ces plantes sont en général cultivées pour la nourriture des bestiaux, quoique quelques variétés servent aussi d'aliments à l'homme. Elles donnent des produits assez avantageux, et, comme elles sont peu épuisantes, elles préparent bien le sol pour la culture des céréales.

Les *navets* demandent un climat humide, un sol léger et frais. On sème à la fin de mai, à la volée ou en lignes, 3 kilogrammes de graines, et l'on commence la récolte en octobre. Souvent on sème les navets en deuxième récolte, après l'enlèvement des céréales.

Le turneps ou rave du Limousin, et le rutabaga ou navet de Suède exigent le même travail que la betterave. Il faut avoir soin de les repiquer par un temps un peu humide. Ils réussissent mieux que les betteraves dans les terres nouvellement défrichées; leurs feuilles sont plus nutritives.

La rave préférée dans la grande culture est la rave à tête rose ou grande rave; ses fleurs jaunes s'épanouissent en mai.

CHAPITRE IX

PLANTES FOURRAGÈRES

Les fourrages sont produits par les prairies naturelles et les prairies artificielles. Les prairies naturelles sont celles où la graine une fois semée se perpétue et produit de l'herbe sans qu'il soit besoin d'ensemencer de nouveau le sol.

Les prairies artificielles sont celles que l'on sème accidentellement pour avoir du fourrage, qui ne se renouvelle que pendant quelques années et que l'on est obligé de rompre pour y mettre ensuite des céréales.

§ 1. — PRAIRIES.

On distingue trois sortes de prairies naturelles : 1° les prairies situées sur les hautes montagnes ou pâturages ; 2° les prairies arrosées ; 3° les prairies sèches.

Les prairies situées sur les hautes montagnes ont une herbe fine, succulente, courte, qui se mange sur place. Sur les montagnes très-élevées, les Alpes, par exemple, les moutons restent aux pâturages pendant toute la belle saison. Sur les montagnes moins hautes, où l'herbe est plus abondante, par exemple le Jura, des troupeaux de vaches sont conduits le 1er juin et redescendent dans la plaine le 9 octobre. De distance en distance sont établies de petites maisons appelées *chalets*, où se fabriquent les fromages de Gruyères.

Les prairies arrosées sont celles qui, légèrement inclinées, peuvent être parcourues dans tous les sens par les eaux d'une source ou d'un ruisseau, au moyen de petites rigoles pratiquées dans le sol. Elles donnent une grande quantité de foin long, d'une qualité médiocre pour les bêtes à cornes, mais bon pour les chevaux. C'est généralement ce foin que l'on trouve sur les marchés des villes.

Les meilleures de ces prairies sont ordinairement situées au pied des montagnes, où elles reçoivent les eaux provenant des infiltrations ou des sources. Au pied du Jura, on voit de ces prairies qui n'ont jamais reçu d'engrais et qui donnent 8,000 kilogrammes de foin sec par hectare, à la première coupe.

On trouve aussi sur le bord des fleuves et des rivières des prairies d'une richesse extraordinaire ; lorsque le sol de ces prairies est un peu plus haut que le lit de la rivière, les herbes produites par les alluvions, c'est-à-dire par les vases déposées dans les débordements, sont de bonne qualité ; mais les produits sont de médiocre qualité, si le sol est plus bas que le lit, parce qu'il se forme alors une couche végétale marécageuse.

Les prairies marécageuses sont celles qui sont couvertes longtemps par des eaux stagnantes. Le foin de ces prairies est malsain ; on ne devrait l'employer qu'à la litière des bestiaux; mais si le manque de fourrage oblige le cultivateur à le faire consommer, il devra le mêler avec du bon regain ou de la paille, ou le saupoudrer de quelques poignées de sel de cuisine.

Les prairies sèches ne sont pas arrosées ou ne reçoivent qu'accidentellement les eaux de pluie que le cultivateur intelligent y conduit plus ou moins habilement. Le plus souvent, elles doivent recevoir des engrais : le jus de fumier, les terreaux, les fumiers bien divisés y sont très-utiles.

Soins à donner aux prairies.

Les principaux soins à donner aux prairies sont les irrigations. Les deux modes d'irrigation sont : 1° par *submersion ;* 2° par *rigoles de niveau.*

Irrigations par submersion.

Ce mode d'irrigation consiste à couvrir d'eau toute la surface du sol pendant un temps plus ou moins prolongé. Pour cela, on établit une digue autour du pré à arroser ; elle se fait par un trait de charrue, qui verse la terre au dedans du compartiment ; l'eau est amenée par un canal et retenue par la digue.

En hiver, l'irrigation peut durer sept ou huit jours ; au moment de la végétation, l'eau ne doit pas séjourner plus de vingt-quatre heures.

On ne peut pratiquer ce mode d'irrigation en été avec des eaux troublées par de grosses pluies ; le limon s'attacherait à l'herbe, et le foin récolté serait couvert d'une poussière, qui en diminuerait la valeur et le rendrait même nuisible aux bestiaux.

Irrigations par rigoles.

Pour irriguer les terrains en pentes, on emploie le système d'irrigation par rigoles de niveau. Par ce moyen, l'eau se répand sur toute la surface du terrain, sans qu'elle puisse séjourner nulle part.

On commence à creuser un canal d'alimentation traversant du haut en bas le terrain à arroser : ce canal doit avoir 30 centimètres de profondeur et 25 de largeur ; il communique avec le ruisseau ou le réservoir qui doit fournir l'eau d'arrosement.

Le long de ce canal d'alimentation, à des distances qui varient suivant la nature du sol, et dans un sens contraire, on creuse les rigoles à niveau ; on fait arriver l'eau successivement dans chaque rigole d'où elle déborde peu à peu, et arrose tout le gazon du pré, en descendant lentement jusqu'à la partie inférieure.

Dans les terrains très-perméables, on peut établir les rigoles à 3 mètres de distance les unes des autres; dans les sols où l'eau ne s'imbibe pas facilement, on les espace de 30 à 40 mètres.

Si l'on ne dispose que d'un faible volume d'eau, on creuse dans la partie supérieure du pré un réservoir où les eaux se réunissent; dans le voisinage des fermes, on doit y diriger le purin et l'urine des écuries.

Les autres soins à donner aux prairies se bornent à les nettoyer au printemps, c'est-à-dire à enlever avec le râteau les feuilles nuisibles ou la paille des fumiers non consommée, les branches que la taille des haies y aurait laissées, les pierres qui gêneraient les faucheurs, à niveler le terrain soulevé par les taupes et les fourmis. Il est bon aussi d'arracher ou de couper au moment de la végétation les plantes, telles que la patience, l'oseille sauvage, la ciguë des prés, qui ne fournissent que des tiges dures, rejetées souvent par les animaux.

Fenaison.

Les foins doivent être fauchés, lorsque la plupart des plantes fourragères sont en fleurs. La ligne de foin placée à la gauche du faucheur, à mesure qu'il avance, s'appelle *andain ;* la largeur parcourue par la faux prend le nom de *redan.*

Lorsqu'une certaine superficie est abattue, on se hâte de disperser le foin, le plus également possible, avec la fourche ou le râteau, afin de le faire sécher. On répand ainsi ce qui est coupé jusqu'à trois heures ; ce qui est fauché après cette époque reste en andains.

Le soir on réunit en petits tas ce qui avait été étendu.

Le lendemain, lorsque la rosée a été dissipée, on étend sur le pré ces petits tas et les andains de la veille, on retourne le foin plusieurs fois dans la journée, et le soir on réunit en monceaux appelés souvent chevrottes, tout ce qui avait été éparpillé. Le jour suivant on l'étend de nouveau, et ordinairement il est assez sec pour être rentré.

Dans les bonnes prairies, vers la fin de septembre, on coupe un deuxième foin appelé *regain,* qui convient surtout aux vaches ; dans un grand nombre de départements, on le mélange sur le pré avec de la paille d'orge ou d'avoine.

§ 2. — PRAIRIES ARTIFICIELLES.

Les plantes fourragères, qui forment les prairies artificielles proprement dites, font partie de la famille des légumineuses. Les principales sont : le trèfle, la luzerne, le sainfoin, la vesce.

Trèfle.

On cultive généralement trois variétés de trèfles : le *trèfle rouge* ou *trèfle commun*, le *trèfle incarnat*, le *trèfle blanc*.

Le *trèfle rouge* aime une terre fraîche, profonde, substantielle ; son succès dans une terre légère est incertain.

On le sème au printemps dans un blé d'hiver, à raison de 15 kilogrammes par hectare, ou vers la fin de mai dans un sarrasin.

Lorsque la céréale est enlevée, le trèfle se développe, et, en octobre, ses tiges sont suffisamment grandes pour être pâturées et souvent même pour être fauchées.

Au printemps suivant, le trèfle reçoit une vigueur nouvelle, si l'on emploie l'amendement qui favorise surtout cette plante (*voir* PLATRE, page 51).

On peut le faire manger en vert ; on le coupe alors aussitôt que la faux peut l'atteindre ; mais si l'on veut en obtenir un fourrage sec, on fait la première coupe, lorsque la fleur commence à passer ; la deuxième coupe s'enlève de deux à trois mois après, et la troisième coupe est enfoncée à la charrue, afin de donner à la terre un engrais végétal, toujours salutaire, au blé qui le suivra.

Le trèfle consommé sur place ou distribué à l'état frais aux bestiaux, lorsqu'il est mouillé par la pluie ou la rosée, produit une espèce de gonflement appelé *météorisation*, qui cause très-souvent la mort du bétail. Ce gonflement est dû à des gaz trop abondants qui se forment dans l'estomac par la fermentation. Il convient donc de ne donner le fourrage que suffisamment ressuyé.

Fig. 20. — Trèfle.

Le trèfle *incarnat* ou farouche a ses fleurs rosées disposées en long épi conique. Il aime un sol léger, sablonneux, calcaire. On le sème après une céréale en août; après avoir brisé le chaume par un labour, on répand le grain renfermé dans ses gousses à raison de 20 kilogrammes par hectare.

Ce trèfle est précoce; l'année suivante, au mois de mai, il donnera une coupe abondante, mais point de seconde coupe. On doit le faire manger en vert; sec, il serait dur et peu nourrissant. C'est un produit fort avantageux, puisqu'on peut le cultiver presque dans toutes les terres, et que le sol qu'il occupait est libre assez tôt pour recevoir une récolte de pommes de terre, de betteraves, de sarrasin, etc.

Il est encore précieux pour regarnir un trèfle manquant; on jette simplement de la graine en gousses sur les clairières.

Le *trèfle blanc* ou *rampant* est rarement semé seul; on l'associe à d'autres plantes pour créer dans des terrains peu fertiles des pâturages pour les moutons; il résiste bien à une excessive sécheresse et à une humidité abondante. On le sème aussi pour obtenir des prairies naturelles dans les sols de médiocre qualité.

Luzerne.

La luzerne est la plus productive des plantes fourragères; elle aime les sols argilo-calcaires, frais sans être humides, bien ameublis, bien fumés.

On sème à la volée au printemps, dans l'orge ou l'avoine, lorsque ces céréales ont commencé à pousser, à raison de 20 kilogrammes par hectare. Dans les départements méridionaux, on la sème en automne dans un seigle d'hiver.

La première année, lorsqu'on coupe la céréale, il faut laisser un chaume élevé pour que la faux n'atteigne pas la luzerne. La deuxième année on peut déjà obtenir deux coupes, et, les années suivantes, ces coupes se multiplient, suivant la fécondité du sol la réussite de la semaille.

Fig. 21. — Luzerne.

Pour faucher, on ne doit pas attendre que les fleurs soient passées; la luzerne perdrait une partie de ses qualités nutritives et deviendrait dure sous la dent des animaux.

Une luzerne bien établie, dans un sol qui lui convient, peut durer de dix à quinze ans; si, par une cause quelconque, elle venait à se dégarnir dans les premières années, il conviendrait de la herser vigoureusement au printemps et de répandre sur le champ du plâtre ou des engrais liquides.

Cette plante se mange ordinairement en vert; il faut l'associer au foin sec ou à la paille, pour que les animaux ne soient pas exposés à la météorisation.

Si l'on veut récolter la graine, il faut la prendre sur une luzerne de trois ou quatre ans et sur la deuxième coupe qu'on laisse fleurir et grainer. Lorsqu'une luzernière a porté graine, il est utile de la rompre; elle est ruinée.

La luzerne ne doit revenir sur le même terrain qu'après sept ou huit ans. Dans les terrains médiocres et très-légers on peut cultiver une espèce de luzerne appelée *lupuline* ou *minette dorée*, à petites fleurs jaunes, dont la tige s'élève rarement à plus de 30 centimètres; on la sème au printemps dans une céréale, et, comme elle épuise peu le sol, elle est une bonne préparation pour le seigle; elle constitue un fourrage de bonne qualité, mais elle ne donne qu'une coupe.

Sainfoin.

Le *sainfoin*, appelé aussi *esparcette*, produit des tiges longues de 30 à 35 centimètres, terminées par des fleurs roses de forme conique; les terrains de médiocre qualité lui conviennent; cependant il préfère les sols calcaires.

On le sème au printemps, à raison de 6 à 7 hectolitres par hectare, dans une céréale, lorsque le terrain est suffisamment fumé.

On augmente sa vigueur en employant du plâtre en poudre, comme pour le trèfle.

Un champ de sainfoin peut donner des produits avantageux pendant six ou sept ans dans les bonnes terres. Lorsqu'il se perd, c'est-à-dire lorsqu'il s'éclaircit trop, il faut le rompre et le remplacer par du blé. Ses longues racines, qui se décomposent immédiatement, améliorent tellement la couche arable, qu'on a pu introduire la culture du froment dans des terres qui, avant le sainfoin, n'avaient produit que du seigle.

Le sainfoin est coupé au milieu de juin, lorsque les fleurs commencent à se convertir en gousses; les terres d'une fertilité exceptionnelle peuvent seules donner une deuxième coupe, qui, du reste, n'est jamais abondante.

Son rendement est en moyenne de 3,000 kilogr. de bon fourrage sec par hectare ; il ne produit pas la météorisation.

Si l'on veut obtenir la graine, on coupera les tiges, lorsque les gousses seront devenues brunes : un sainfoin, qui a porté graines, doit être rompu.

Vesces.

Les vesces donnent un fourrage très-nourrissant, mais qui ne doit être distribué qu'avec réserve. Elles aiment un sol fort et fertile, bien fumé; on sème ordinairement la vesce de printemps, à raison de 2 hectolitres 1/2 par hectare, sur un terrain préparé comme s'il devait recevoir du froment.

FIG. 22. — Vesce.

Si le bétail doit les manger en vert, il faut les couper avant la floraison; si l'on veut obtenir un fourrage sec, on les coupera, lorsque les cosses seront bien formées.

On n'obtient qu'une coupe de 4,000 kilogr. environ par hectare.

CHAPITRE X

PLANTES INDUSTRIELLES

On peut former quatre divisions des plantes industrielles : les *plantes textiles*, les *plantes oléagineuses*, les *plantes tinctoriales*, les *plantes diverses*.

§ 1. — PLANTES TEXTILES.

On appelle plantes textiles celles dont les fibres servent à fabriquer des fils, des tissus, des cordages. Les principales sont : le lin et le chanvre.

Lin.

Le lin est une plante annuelle, cultivée pour sa graine dont on extrait de l'huile, et principalement pour sa tige, qui renferme une matière textile importante.

Il réussit presque partout, mais surtout dans les climats tempérés, non loin de la mer; il exige un sol riche, meuble et frais, exempt de mauvaises herbes, bien fumé; deux labours sont nécessaires; la herse et l'extirpateur doivent pulvériser les mottes, jusqu'à ce que la surface du terrain soit bien unie.

Dans la petite culture, le travail est plus parfait, lorsqu'on laboure à la bèche ou à la houe.

On sème au printemps 220 litres par hectare, si l'on veut obtenir un lin plus fort que fin; et 560 litres si, au contraire, on désire un lin de qualité supérieure; 100 litres suffisent, si l'on a seulement en vue la graine.

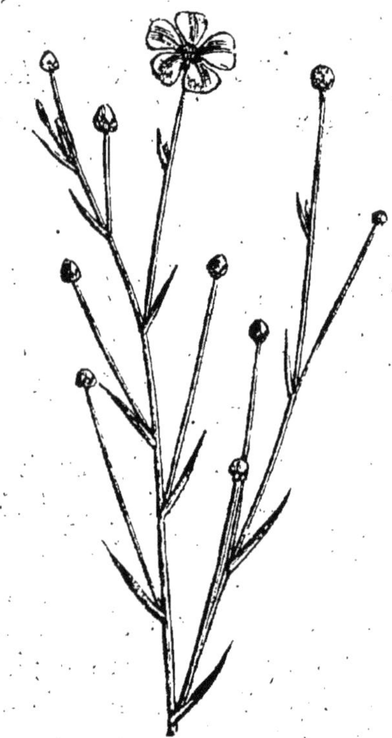

Fig. 23. — Lin.

Lorsque la plante commence à paraître, il faut sarcler et arracher les mauvaises herbes.

Le lin semé en avril est ordinairement mûr en juillet.

Si l'on veut obtenir du lin très-fin, il sera arraché immédiatement après la floraison; pour des tissus moyens, on récoltera entre la floraison et la maturité complète; si l'on a en vue surtout la graine, on la cueillera, quand elle aura acquis une couleur d'un beau jaune brun.

On arrache le lin à la main, et on le lie en petites bottes que l'on dépose sur le sol, en écartant les tiges par le pied.

Pour obtenir la filasse, il faut faire subir aux tiges diverses préparations. La première est le *rouissage;* elle a pour but de faire disparaître une matière gommeuse qui unit les parties textiles aux parties ligneuses. On place les tiges dans l'eau par petits paquets et on les laisse huit à dix jours.

Dans plusieurs départements, on se contente d'étendre les tiges sur les prairies ou sur le chaume des champs, en couches minces que l'on retourne tous les deux jours; on les laisse jusqu'à ce que, par l'effet des rosées et des pluies, la matière textile puisse se séparer du bois, ce qui demande quelquefois deux ou trois semaines.

Le lin roui est séché au soleil ou au four, puis battu avec un fléau ou un maillet dont la surface inférieure est cannelée.

On procède ensuite au *teillage*, qui consiste à séparer des chènevottes la filasse, c'est-à-dire la matière qui sera filée. On la peigne avec un peigne à dents de fer.

Le produit moyen du lin en France est de 400

kilogr. de filasse par hectare, et de 7 à 12 hectolitres de graines.

La graine contient environ 20 pour 100 d'une huile employée dans l'industrie pour la peinture, pour l'encre d'imprimerie, pour les toiles cirées. Réduite en farine, elle sert en médecine à faire des cataplasmes adoucissants.

Le tourteau, c'est-à-dire le résidu qu'on obtient, lorsqu'on extrait l'huile, sert à l'engraissement du bétail.

Chanvre.

Le chanvre a une racine longue, pivotante; sa tige peut s'élever depuis 1 mètre jusqu'à 4 mètres, selon le climat, la saison, les engrais, le mode de culture. Les tiges sont mâles ou femelles; les premières fleurissent à leur extrémité, mais ne portent pas graines; les autres ont la fleur en épis ramassés, situés à l'aisselle des feuilles supérieures, c'est-à-dire à l'endroit où ces feuilles tiennent à la tige.

On cultive deux variétés de chanvre: le chanvre commun et le chanvre de Piémont, appelé aussi chanvre géant.

Cette plante exige une terre riche, profonde, meuble, fraîche; dans la plupart des campagnes, les cultivateurs choisissent le terrain le plus fertile de leur exploitation, où toutes les années ils sèment une petite quantité de chanvre, qui leur donnera la toile nécessaire à l'entretien du ménage. Ce terrain s'appelle chènevière.

Le chanvre est très-épuisant ; aussi les fumures doivent-elles être abondantes ; deux labours sont nécessaires ; l'un à l'automne avec la moitié de l'engrais ; l'autre au printemps, lorsqu'on ne craint plus les gelées, avec le reste de l'engrais.

Fig. 24. — Chanvre.

On sème à la volée, puis on recouvre à la herse, et l'on roule légèrement.

La quantité de semence varie suivant le but qu'on se propose : si l'on désire une filasse très-fine, il faut semer épais ; les tiges pressées les unes contre les autres seront forcées de s'élever et resteront minces. Si, au contraire, on ne veut qu'une filasse grossière pour la fabrication des grosses toiles et des cordages, on sèmera clair. La quantité moyenne est de 2 à 4 hectolitres par hectare; il est nécessaire de n'employer que la graine de la dernière récolte, nette, luisante, foncée, pesante.

On récolte de plusieurs manières :

1° Si l'on veut obtenir une filasse de belle qualité, sans tenir compte de la graine, on arrache toutes les tiges, lorsque les fleurs des tiges mâles sont passées ;

2° Dans quelques cantons, on récolte le tout à la fois, après la maturité des graines; on n'obtient que des filasses assez grossières et des graines incomplétement mûres ;

3° Il est plus avantageux de récolter en deux fois : on arrache le chanvre mâle, aussitôt que la floraison est passée, et on laisse le chanvre femelle mûrir ses graines, ce qui arrive deux ou trois semaines après. On obtient ainsi une belle filasse et de bonnes graines.

Les opérations de rouissage, de teillage et de peignage se font comme pour le lin.

Le produit moyen de la filasse varie de 700 à 1,200 kilogr. par hectare, et celui de la graine de 4 à 6 hectolitres, soit 200 à 300 kilogr. Cette graine donne une huile employée pour la peinture grossière, pour la fabrication du savon, pour l'éclairage. Le chènevis ou graine sert à nourrir la volaille.

§ 2. — PLANTES OLÉAGINEUSES.

Les plantes oléagineuses sont destinées à la production de l'huile; les principales sont : le colza, la navette, la cameline, le pavot.

Colza.

On cultive deux espèces de colza : celui d'hiver et celui de printemps.

La culture du colza d'hiver est la plus répandue; on le sème sur place ou en pépinière sur un terrain bien assaini, meuble, fumé, en lignes ou à la volée, à raison de 3 ou 4 litres par hectare, du 15 juin au 1er août; avant l'hiver, il sera bon de biner et de ne laisser que les plantes que l'on veut conserver pour l'année suivante. S'il a été semé en pépinière, il sera transplanté en septembre.

Au printemps suivant, un binage est indispensable, et, si la végétation paraît trop vigoureuse, il est utile d'enlever la pousse qui termine la plante; c'est ce qu'on appelle *étêter*. Les fleurs de cette tête sont presque toujours stériles, et, en les enlevant, la séve reflue vers les pousses latérales, qui donnent plus de graines.

La récolte commence à la fin de juin, lorsque les graines commencent à devenir noires; on doit couper ou arracher les tiges avec précaution pour éviter l'égrenage.

La graine une fois sortie de ses enveloppes, appelées siliques, doit être étendue sur le plancher d'un grenier et remuée souvent pendant cinq ou six jours, pour éviter la fermentation.

Fig. 25. — Colza.

Dans une terre bien cultivée, le colza peut rendre 25 à 30 hectolitres de graines produisant une huile d'éclairage qui fait l'objet d'un commerce assez étendu.

Le tourteau ou résidu des graines, après l'extraction de l'huile, est précieux pour l'engraissement des animaux.

Les tiges employées comme litière donnent un engrais excellent.

Le colza de printemps se sème vers la fin de mai pour se récolter en automne. Son produit, souvent compromis par la sécheresse, est, du reste, peu avantageux. Aussi le cultive-t-on rarement.

Navette.

On cultive deux sortes de navettes : la navette d'hiver et celle d'été.

La navette d'hiver aime un sol léger, calcaire, bien fumé, et les prairies rompues. On la sème à la fin d'août, à la volée, à raison de 4 à 5 kilogrammes par hectare.

Dans l'été qui suit, aussitôt que les siliques sont jaunes, on en fait la récolte.

Elle donne un produit de 15 à 20 hectolitres de graines à l'hectare ; l'hectolitre pèse environ 65 kilogr. et peut donner 20 kilogr. d'huile.

L'huile de navette sert à l'éclairage et à l'assaisonnement des salades communes.

Si la navette d'hiver a été compromise par les rigueurs de la saison, on peut cultiver la navette d'été, qui se sème en juin et se récolte à la fin de septembre. Elle ne donne que 8 à 10 hectolitres de graines à l'hectare.

Pavot.

On cultive deux espèces de pavot : le *pavot noir*, qui s'ouvre à la maturité, et le *pavot blanc à grosses*

Fig. 26. — Pavot.

capsules. Le premier donne des produits plus avantageux. On le sème dans une terre riche, bien ameublie, en automne, à raison de 3 kilogr. de graines à l'hectare, sur deux labours.

Lorsque la plante a quatre ou cinq feuilles, on

sarcle et on éclaircit de manière à ne laisser entre les plantes que 18 à 20 centimètres. Lorsque les capsules jaunissent, on arrache les plantes sans secousse, ou bien on ne coupe que les têtes, et on les porte avec précaution au grenier. Pendant l'hiver, on les bat au fléau.

On obtient en moyenne à l'hectare 16 hectolitres de graines, qui donnent une huile d'une saveur agréable.

Cameline.

La cameline se contente d'un sol médiocre ; elle mûrit ses graines en trois ou quatre mois ; aussi, semée en mai à raison de 4 à 5 kilogr. de graines par hectare, elle se récolte à la fin d'août, et donne un produit moyen de 15 hectolitres de graines.

100 litres de graines donneront environ 15 litres d'une huile bonne à brûler.

§ 3. — PLANTES TINCTORIALES.

Les plantes tinctoriales sont celles qui renferment un principe colorant employé à la teinture des étoffes. Les principales plantes cultivées en France dans quelques localités sont : la garance, la gaude, le pastel.

Garance.

La garance, qui fournit une belle couleur rouge, ne se cultive avantageusement que dans les départements de Vaucluse, du Haut-Rhin et du Bas-Rhin.

Elle exige un sol léger, profond, substantiel, fortement fumé.

On établit la garancière par semis dans un champ divisé en planches de 1^m,70 de largeur séparées les unes des autres par des sentiers de 40 centimètres de largeur.

Les semis se font en avril, dans les terrains qui ont reçu trois labours énergiques. Les lignes sont espacées entre elles de 30 centimètres, et les graines se placent à 3 ou 4 centimètres de distance.

Dans le courant de l'été, on donne plusieurs sarclages ; au commencement de l'hiver, on butte les plantes, en les rechargeant avec la terre prise dans les sentiers. L'année suivante, on fait le même travail, et ce n'est qu'à la fin de la troisième année du semis qu'on arrache avec soin les racines.

Ces racines sont desséchées au soleil dans les pays chauds, ou dans des étuves chauffées à 25 ou 30° cent. dans les climats tempérés.

Chaque année, quand les tiges sont en fleur, on les coupe et on les donne au bétail.

Gaude.

La gaude produit une belle couleur jaune ; elle se contente d'un sol calcaire de médiocre qualité.

On sème à la volée 6 ou 7 kilogr. de graines nouvelles par hectare, en août ou septembre ; au printemps suivant, on sarcle et on éclaircit le semis de manière à laisser entre les plantes un intervalle de

15 centimètres. L'engrais n'est pas nécessaire, et un seul labour suffit.

On arrache les plantes en septembre, lorsque l'épi a donné toutes ses fleurs; on en forme des javelles qu'on laisse sécher au soleil, et, pour la vente, on les met en bottes de 4 à 5 kilogrammes.

Pastel.

Les feuilles du pastel donnent une couleur bleue; cette plante aime les terrains calcaires bien ameublis. On sème en avril 8 ou 10 kilogr. de graines, on sarcle deux fois pendant l'été, et ce n'est qu'à la deuxième année que les feuilles sont bonnes à récolter.

Les feuilles sont ensuite préparées par l'industrie : les frais de préparation et de culture renden cette récolte peu rémunératrice.

4. — PLANTES DIVERSES.

Parmi les plantes diverses, nous nous occuperons du tabac et du houblon.

Tabac.

Le tabac, dont la culture n'est autorisée en France que dans quelques départements, aime un sol argilo-siliceux ou argilo-calcaire, doux, profond, substantiel. Trois labours sont nécessaires : un labour profond à l'automne, un second labour en mars avec une forte fumure et le troisième en mai; on donne ensuite un hersage croisé, afin que la terre soit bien pulvérisée.

La graine se sème en pépinière dans un sol parfaitement fumé et travaillé comme pour une culture jardinière. Au commencement de juin, à la suite d'une légère pluie, ou lorsque le temps couvert annonce une pluie prochaine, lorsque les plants sont munis de cinq à six feuilles, on les arrache et on les repique en lignes dans le terrain préparé de manière qu'ils soient à la distance d'un mètre les uns des autres.

Quinze jours après la plantation, on donne un premier sarclage; puis un deuxième sarclage, lorsque les feuilles ont atteint 30 centimètres de hauteur; à cette époque, on butte légèrement le pied de chaque plant.

Dès que les boutons à fleurs commencent à paraître, on coupe le sommet des tiges, afin de faire refluer la séve au profit des feuilles, seul objet de la culture. Cet étêtement donne souvent naissance à des bourgeons à l'aisselle des feuilles; ces bourgeons doivent être enlevés avec soin, parce qu'ils absorberaient une partie de la séve indispensable au développement des feuilles.

Lorsque les feuilles commencent à prendre une teinte jaunâtre, il faut les cueillir: dans quelques départements, la récolte se fait en deux fois, parce que les feuilles ne mûrissent pas toutes à la même époque. Dans les pays chauds, on arrache la plante, et on enlève les feuilles à la maison sous un hangar exposé à l'air.

Les feuilles sont ensuite remises à la régie qui

leur fait subir diverses préparations avant de livrer le tabac au commerce sous ses différentes formes.

En France, l'administration ne permet pas qu'on récolte plus de 1,800 kilogr. de feuilles sèches par hectare, tandis que, dans les pays où cette culture est libre, on obtient jusqu'à 3,000 kilogrammes.

Houblon.

Le houblon est principalement cultivé dans les

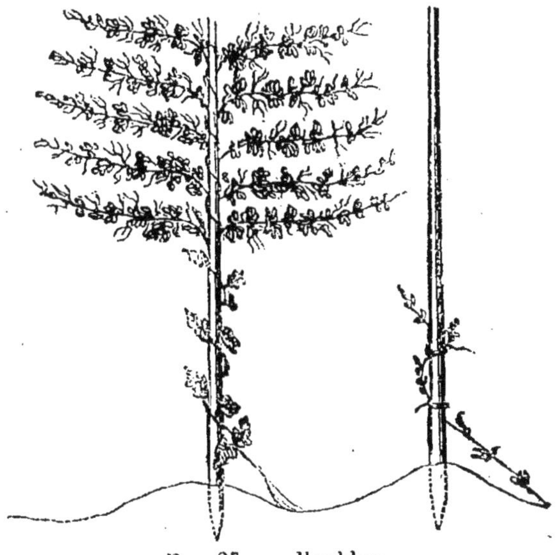

Fig. 27. — Houblon.

contrées où la bière est la boisson habituelle des habitants; ses fruits, appelés cônes, donnent à cette boisson l'amertume et l'arome qui lui sont indispensables.

Le houblon aime un sol riche, léger, très-profond, à l'abri des vents. Le sol défoncé à une profondeur de 35 centimètres reçoit une fumure très-abondante, environ 100 mètres cubes par hectare; l'engrais ne se répand pas dans tout le champ, mais se place seulement dans les parties qui doivent recevoir les plantes. Au commencement d'avril, on fait des trous de 20 centimètres de profondeur, en ligne, distants les uns des autres de 2 mètres, et on y place trois ou quatre boutures prises à une vieille houblonnière; on bouche les trous et l'on tasse fortement.

La première année, les progrès des plants sont peu sensibles; on peut utiliser l'intervalle des lignes par des légumes, pommes de terre, haricots, betteraves. Au printemps, on fume, on taille les plants presque au niveau du sol à deux ou trois yeux, et, à mesure qu'ils grandissent, on leur donne des tuteurs de bois ayant jusqu'à 8 mètres de hauteur, ou des fils de fer supportés par des piquets. Au milieu de l'été, on butte avec soin, et, à la fin d'août, la récolte se fait, lorsque les cônes prennent une teinte jaunâtre. Ces cônes sont détachés délicatement et emportés dans des greniers, où ils sèchent rapidement. Le rendement est de 800 kilogrammes par hectare. Une bonne houblonnière fumée tous les ans peut durer huit ou dix ans.

FIN

TABLE DES MATIÈRES

CHAPITRE PREMIER

AGRICULTURE

CHAPITRE II

SOL — TERRES

CHAPITRE III

ENGRAIS

CHAPITRE IV

AMENDEMENTS

CHAPITRE V

INSTRUMENTS ARATOIRES

CHAPITRE VI

FAÇONS CULTURALES

CHAPITRE VII

ASSOLEMENTS — JACHÈRE

CHAPITRE VIII

CULTURE DES PLANTES — PLANTES ALIMENTAIRES

CHAPITRE IX

PLANTES FOURRAGÈRES

CHAPITRE X

PLANTES INDUSTRIELLES

FIN DE LA TABLE

PARIS. — IMP. SIMON RAÇON ET COMP., RUE D'ERFURTH, 1.

CATALOGUE

DE LA

LIBRAIRIE AGRICOLE

DE

LA MAISON RUSTIQUE

RUE JACOB, 26, A PARIS

PAR ORDRE DE MATIÈRES ET NOMS D'AUTEURS

JANVIER 1867.

CE CATALOGUE ANNULE LES CATALOGUES PRÉCÉDENTS

DESIGNATION DU CATALOGUE

AVIS IMPORTANT

Toute commande de livres publiés à Paris, si elle est faite par un abonné du *Journal d'agriculture pratique*, de la *Revue horticole*, ou de la *Gazette du Village*, et accompagnée du prix de ces livres en un mandat sur Paris, ou, ce qui est plus sûr, en un bon de poste dont on garde la souche, qui sert de quittance, est expédiée sur tous les points de la *France*, de l'*Algérie*, de l'*Italie*, de la *Belgique* et de la *Suisse*, *franco*, au prix marqué dans les catalogues, c'est-à-dire au même prix qu'à Paris.

Les commandes de plus de 50 fr., faites dans les mêmes conditions, sont expédiées *franco* et sous déduction d'une *remise de dix pour cent*.

Quel que soit le chiffre de la commande, la remise est toujours de *dix pour cent* pour les abonnés, lorsque, au lieu d'expédier par la poste les ouvrages demandés, la *Librairie agricole* les livre au comptant à Paris.

Le catalogue de la *Librairie agricole* est expédié *franco* à toute personne qui le demande *franco*.

On ne reçoit que les lettres affranchies.

AGRICULTURE — ÉCONOMIE RURALE.

ALLIOT.

Maladies des Végétaux (Origine des) et des animaux herbivores, moyens de les prévenir par le drainage; par Alliot. 92 p. in-8. 1 50

ALMANACH.

Almanach du Cultivateur; par les Rédacteurs de la *Maison Rustique*. 192 pages in-18 et 85 gravures. 0 50

Une nouvelle édition de cet Almanach est publiée chaque année.

ANNALES.

Annales de l'Institut agronomique de Versailles. 1 vol. in-4 de 418 pages, avec 4 planches. 3 50

BAZIN (Armand).

Froments, nouvelles variétés; par A. Bazin. 8 p. in-4 et 13 gr. . 0 50

BERTIN (Am.).

Comices agricoles; par A. Bertin. 1 vol. in-12 de 214 pages 1 »

BIBLIOTHÈQUE DU CULTIVATEUR

Publiée avec le concours du Ministre de l'Agriculture

26 volumes in-18, à 1 fr. 25 le volume

Agriculteur commençant (Manuel de l'), par Schwerz, traduit par Villeroy. 5e édit., 332 pages. 1 25

Animaux domestiques, par Lefour. 1 vol in-18 de 162 pages et 57 gravures. 1 25

Basse-cour, pigeons et lapins, par Mme Millet, 5e édition, 180 pages et 26 gravures. 1 25

Bêtes à cornes (Manuel de l'Eleveur de), par Villeroy, 308 pages et 63 gravures. 1 25

Champs et prés (Les), par Joigneaux, 156 pages. . . , . 1 25

Cheval (Achat du), par Gayot, 1 vol. de 180 pages et 25 grav. 1 25

Cheval, âne et mulet, par Lefour. 1 vol. de 176 p. 192 gr. 1 25

Cheval percheron, par du Hays, 176 pages. 1 25

Choux, Culture et emploi, par Joigneaux, 1 vol. in-18 de 180 pages et 14 gravures. 1 25

Comptabilité et géométrie agricoles, par Lefour. 214 pages et 104 gravures. . . . . , , . 1 25

Constructions et mécaniques agricoles, par Lefour. 216 p. et 151 gravures. 1 25

Culture générale et instruments aratoires, par Lefour. 1 vol. in-18 de 156 pages et 132 gravures. . , ... 1 25

Economie domestique, par Mme Millet. 3e édit. 245 pages et 78 gravures. 1 25

Engraissement du bœuf, par Vial. 1 vol. in-18 de 176 pages et 12 gravures, ... 1 25

Fermage (estimation, plan d'amélioration, baux), par de Gasparin, memb. de l'Inst., anc. ministre de l'agriculture, 3e éd. 216 p. 1 25

Fumiers de ferme et composts, par Fouquet. 2e édit. 176 pag. et 19 gravures. 1 25

Houblon, par Erath, traduit par Nicklès, 186 pag. et 22 gr. . 1 25

Lièvres, lapins et léporides, par Eug. Gayot. 216 p. 15 g. 1 25

Médecine vétérinaire (Notions usuelles de), par Sanson. 1 vol. de 180 pages. 1 25

Métayage (contrat, effets, améliorations), par de Gasparin, 2e édit. 162 pages. 1 25

Noir animal (le). Analyse, emploi, vente, par Bobierre. 156 pages et 7 gravures. 1 25

Poules et œufs, par E. Gayot. 1 vol. de 208 pag. et 35 gr. 1 25

Races bovines, par Dampierre. 2e éd. 192 pages et 28 grav. 1 25

Sol et engrais, par Lefour. 180 pages et 54 gravures. . . 1 25

Travaux des champs, par Victor Borie, 188 p. et 121 gr. . 1 25

Vaches laitières (Choix des), par Magne, 144 p. et 39 gr. 1 25

Bodin.

Agriculture (Eléments d'); par Bodin. 4e édition. 1 vol. in-18 de 360 pages. 1 75

Barral et de Céris.

Bon Fermier (Le), par Barral, et pour les nouveautés, par de Céris. Aide-mémoire du Cultivateur; 1 volume in-12 de 1,495 pages et 100 gravures. 7 »

Ouvrage contenant : le calendrier détaillé — le tableau des foires de chaque département — des tables usuelles pour la détermination du poids du bétail et pour les principaux besoins de l'agriculture — les travaux agricoles de chaque mois pour toutes les parties de la France — les distilleries — féculeries — — brasseries et autres industries annexées aux exploitations rurales — la mécanique agricole complète, avec description et gravure des meilleurs instruments aratoires, machines, etc.

Une nouvelle édition du *Bon Fermier* est publiée tous les ans, avec addition des nouveautés, par M. de Céris.

Bonnier.

Statistique agricole et industrielle de l'arrondissement de Valenciennes; par Bonnier, juge de paix, président du Comice agricole de Condé. 1 vol. in-8 de 178 pages. 3 50

Cet ouvrage a été couronné par la Société impériale et centrale d'agriculture de France.

BORIE (Victor.)

Agriculture au coin du feu; par V. Borie. 1 vol. in-12 de 290 pages. 3 »

Agriculture et Liberté, par V. Borie, membre de la Société impériale et centrale d'agriculture de France. 1 vol. in-8 de 189 p. 4 »

Animaux de la ferme, par V. Borie (voir p. 18). L'espèce bovine formera 20 livraisons renfermant chacune 2 ou 3 aquarelles et 16 pages de texte. gr. in-4°, édition de luxe. Prix des 20 livraisons. 80 »
Le même ouvrage richement relié. . . . . , ... 100 »

Calendrier agricole (LES DOUZE MOIS); par V. Borie. 1 vol. in-12 à 2 colonnes de 380 pages et 95 gravures 3 50

Gazette du Village, publiée par M. V. Borie, voir page 31.

Jeudis de M. Dulaurier (les), cours élémentaire d'agriculture; par V. Borie. 2 vol. in 18 de chacun 144 pages et 62 gravures. 1 50

Le même ouvrage cartonné. . . . . 2 »

Travaux des champs, par V. Borie (Bibl. du Cultiv.), 188 pages et 121 grav. 1 25

BORTIER.

Dessèchement des Moëres, par Cobergher, en 1622. Notice par Bortier. 8 p. in-8, portrait de Cobergher et carte des Moëres.. 1 »

BOST.

Table décennale du Correspondant des justices de paix et des tribunaux de simple police; par Bost. 1 vol. in-8, de 184 pages. . . . . 4 »

BRETON.

Crédit agricole en France; par Breton. 100 pages in-8.. . 1 »

Défrichement (Manuel théorique et pratique du); par Breton. 1 vol. in-8 de 400 pages. . . . . 4 »

Grains (Moyens infaillibles de prévenir la pénurie des) et leur cherté excessive en France; par Breton. in-8 de 32 pages. 0 50

BUJAULT (Jacques).

Œuvres de Jacques Bujault, 3e édition. 1 vol. in-8° de 540 pages et 33 gravures. 6 »

CANCALON.

Histoire de l'agriculture, par Cancalon. 1 volume in-8 de 474 pages. 6 »

CARPENTIER.

Enseignement agricole (Entretien sur l') en France; par Carpentier. 1 brochure 0 40

CRISES, etc.

Crises agricoles (les) dans l'abondance et la pénurie des grains; moyens infaillibles de les prévenir; par l'ancien rapporteur de la Commission du Crédit agricole au Congrès central d'agriculture dans la session de 1847; 1 brochure in-18 de 40 p., 3e édit. . . . » 50

DEZEIMERIS.

Conseils aux Agriculteurs sur l'art d'exploiter le sol avec profit; par Dezeimeris, ancien député. 3e édit. 1 vol. in-12 de 654 pag. 3 50

DOMBASLE (DE).

Agriculture (Traité d'); par Mathieu de Dombasle. 5 vol. . » 30

Annales de Roville; par Mathieu de Dombasle. 9 vol. in-8 . 61 50

Calendrier du Bon Cultivateur; par Mathieu de Dombasle. 10e édition. 1 vol. in-12 de 872 pages et 5 planches 4 75

Écoles d'arts et métiers; par Mathieu de Dombasle. 1 brochure in-18 de 106 pages. . . . . 1 fr.

Économie politique et agricole; par Math. de Dombasle. 1 vol. in-18 de 194 pages. 1 fr. 50

DOYÈRE.

Alucite des céréales; ses ravages et moyens de les faire cesser; par Doyère. 110 pages in-4, gravures et 3 planches. 3 50

Ensilage; par Doyère, professseur d'histoire naturelle à l'École centrale des arts et manufactures. In-18 de 48 pages 0 75

DRALET.

Taupier (Art du); par Dralet. 16e édition. In-12 de 66 pages . 1 »

DREUILLE (DE).

Métayage (du) et des moyens de le remplacer; par le vicomte de Dreuille. 1 vol. in-18 de 104. pages . . . . 1 »

DUGUÉ.

Comptabilité agricole (Notions pratiques de); par Dugué. brochure in-8o de 32 pages 1 25

DURAND-LAINÉ (A.).

Grammaire agricole, Cours d'Agriculture professé à l'école de Voreppe (Isère); par A. Durand-Lainé. 1 vol. in-18 de 432 pages. 2 50

DURIEUX.

Monographie du paysan du département du Gers, par Alcée Durrieux. 1 vol in-18 de 260 pages. 3 50

ENQUÊTE.

Agriculture française (Enquête sur l'), par une réunion de députés. 1 vol. in-8 de 244 pages. . . . . 2 fr 50

ERATH.

Houblon, par Erath, traduit par Nicklès (Bibl. du Cultiv.), 136 pages et 22 gravures. 1 25

ESTANCELIN.

Enquête (l') et la **crise agricole**; lettre à M. le Ministre de l'agriculture ; par Estancelin 1 brochure in-8° de 32 pages. . . 1 »

FALLOUX (comte de).

Dix ans d'agriculture, br. in-8, 47 pages. . . . . . . 1 »

FLAXLAND.

Enquête agricole (**Quelques considérations relatives à l'**) dans les départements frontières du Nord-Est; par Flaxland. . 1 »

FRILET.

Igname de la Chine (**Notice sur la pomme de terre et l'**), par Frilet. In-8 de 24 pages. 0 50

GASPARIN (DE).

Agriculture (**Cours d'**) ; par de Gasparin, membre de l'Académie des Sciences, ancien ministre de l'Agriculture. 6 vol. in-8 et 233 gr. 39 50

TOME Ier. — Analyse des terres. — Propriétés physiques des terres. — Géologie agricole. — Classification des terrains agricoles. — Evaluation des terrains. — Amendements. — Engrais.
TOME II. — Météorologie. — Architecture rurale.
TOME III. — Mécanique agricole. — Culture. — Cultures spéciales.
TOME IV. — Suite des cultures spéciales. — Plantes fourragères. — Arboriculture.
TOME V. — Assolements. — Systèmes de culture. — Economie rurale. — Administration de la propriété.
TOME VI. — Nutrition des plantes. — Habitation des plantes. — Appendice. — Tables analytiques des matières et des gravures contenues dans les six volumes.

Fermage (estimation, plan d'amélioration, baux), par de Gasparin, membre de l'Institut, ancien ministre de l'agriculture (Bibl. du Cultiv.). 3e édit. 216 pages. 1 25

Métayage (contrat, effets, améliorations), par de Gasparin (Bibl. du Cultiv.). 2e édit. 166 pages. 1 25

Safran (**Culture du**); par de Gasparin. 0 75

GAUCHERON.

Economie agricole (**Cours d'**) **et de culture usuelle**; par Gaucheron. 2 vol in-18 . . . . 2 50

GIRARDIN (J.).

Agriculture (**Mélanges d'**); par Girardin. 2 vol. in-12. . 10 »

GOURCY (DE).

Voyage agricole en France, Allemagne, Hongrie, Bohême et Belgique; par le comte de Gourcy. 1 vol. in-12 de 432 pages 3 50

COUX (J.-B.).

Le Sorcier, légende du chantier rural, in-18, 70 pages. . 1 »

GROUSSEAU (DE).

Comices (Manuel des); par de Grousseau 1 brochure, in-32 de 50 pages. . . . . » 15

GUILLON.

Agriculture provençale (Essai d'un traité d'); par Guillon 2 vol. in-18, ensemble de 300 pages . . . . 5 »

Agriculture provençale (Vade mecum de l'); par Guillon. 1 vol. in-18 de 136 pages. . . . . 2 »

Catéchisme de l'Agriculteur provençal; par Guillon. 1 vol. in-18 de 52 pages. 1 »

Gustave D.

Hanneton. Ses ravages, moyens de le détruire; par Gustave D. 1 brochure in-8 de 16 pages. . . . . 75 c.

HEUZÉ.

Assolements et systèmes de culture; par Heuzé 1 vol. in-8 de 536 pages avec nombreuses gravures sur bois . . . . 9 »

Pavot (Culture du); par HEUZÉ. 1 vol. in-18 de 44 pages. . 0 75

Plantes fourragères; par Heuzé. 3e édition. 1 vol. in-8 de 582 p.. avec 42 vignettes sur bois et 20 gravures coloriées. . . . . 10 »

Plantes industrielles; par Heuzé 2 vol. in-8 de 896 pages, avec des vignettes sur bois et 20 gravures coloriées. . . . . 18 »

HOUPIN.

Carte de la France Agricole et Physique; par Houpin. . 2 50

JAMET.

Agriculture (Cours d') et chaulages de la Mayenne, 2e édition, par Jamet, président du comice de Craon, ancien représentant, 400 pages in-12. . . . . 3 50

JOIGNEAUX.

Causeries sur l'agriculture et l'horticulture; par P. Joigneaux, 1 vol. in-18 de 403 pages. 3 50

Champs et Prés (les), par Joigneaux (Bibl. du Cultiv.). 140 pages. 1 25

Choux. Culture et emploi, par Joigneaux (Bibl. du Cultiv.). 1 vol. in-18 de 180 p. et 14 gr. 1 25

JOUBERT.

Comptabilité agricole (Agenda de); par Joubert. In-4. 3 »

Sologne (Agriculture de la); par Ch. Joubert et Isaac Chevalier, cultivateurs. 1 vol. in-8 de 300 pages. . . . . 4 »

KAINDLER.

Coton en Algérie (Culture du); par Adolphe Kaindler. Une brochure in-18. . . . . 1 »

LAR[illegible]

Collin[illegible] de Sansan. Récapitulation des espèces d'animaux vertébrés fossiles trouvés à Sansan ; par Lartet. 48 pages in-8 et 1 planche 1 fr. 25

LATERRADE.

Grêle (Moyens d'en combattre les effets) ; par Laterrade. 1 brochure in-8 de 64 pages 1 25

LAVELEYE.

Économie rurale (Essai sur l') de la Belgique ; par Émile de Laveleye. 1 vol. in-18 de 304 pages. 3 50

LAVERGNE.

Agriculture des terrains pauvres ; par Lavergne, ancien représentant du peuple, 1 vol. in-18 de 200 pages. . . . . 3 »

LAVERGNE (DE).

Agriculture et l'Enquête (L') ; par M. L. de Lavergne, brochure de 48 pages . . . . 1 »

Agriculture et Population ; par L. de Lavergne, membre de l'Institut. 1 vol. in-18 de 412 pages. 3 50

Économie rurale de la France depuis 1789 ; par L. de Lavergne, membre de l'Institut. 1 vol. in-12 de 490 pages.. . . . . 3 50

Économie rurale (Essai sur l') de l'Angleterre, de l'Écosse et de l'Irlande ; par L. de Lavergne. 3e édit. 1 vol. in-12. . . . . 3 50

LECOQ.

Plantes fourragères (Traité des) ; par Henri Lecoq. 2e édition. 1 vol. in-8 de 518 pages et 40 gravures. 7 50

LECOUTEUX (E.).

Agriculture et les élections de 1863 (l'). 64 p. in-8. . 2 »

Blé (La Question du) ; par Ed. Lecouteux. Br. de 32 pages . 1 »

Culture améliorante (Principes de la) ; par E. Lecouteux, ancien directeur des cultures à l'Institut agronomique de Versailles. 3e édition. 1 vol. in-12 de 400 pages.. . . . . 3 fr. 50

Culture (Traité des entreprises de grande), ou principes d'économie rurale ; par E. Lecouteux. 2 vol. in-8, formant ensemble 1,136 pages. 15 »

LEFOUR.

Comptabilité et géométrie agricoles, par Lefour (Bibl. du Cultiv.). 214 p. et 104 grav. 1 25

Culture générale et instruments aratoires, par Lefour (Bibl. du Cultiv.). 1 vol. in-18 de 160 pages et 132 grav. . . 1 25

Problèmes agricoles (300) ; par Lefour, Une brochure in-18 de 36 pages.. . . . . 0 50

LÉOUZON.

Enseignement agricole (Réforme de l') ; par Louis Léouzon, 1 brochure in-8 de 28 pages . . . . 1 »

LEPLAY.

Sorgho sucré (Culture du) comme plante industrielle et comme plante fourragère; par H. Leplay. 36 pages in-8. . . . . 1 »

LIEBIG (DE).

Lettres sur l'Agriculture moderne, par le baron Justus de Liebig, traduites par le docteur Théodore Swarts. 1 v. in-18 de 244 pag, 3 50

LOUVEL.

Grains (Conservation des) au moyen du vide; par le Dr Louvel. 0 75

LULLIN DE CHATEAUVIEUX.

Voyages agronomiques en France; par Lullin de Chateauvieux. 2 vol. in-8, formant ensemble 1031 pages. . . . . 10 »

LURIEU (DE).

Colonies agricoles (Études sur les) de mendiants, jeunes détenus, orphelins et enfants trouvés de Hollande, Suisse, Belgique, France; par de Lurieu et Romand, inspecteurs généraux des établissements de bienfaisance. 1 vol. in-8 de 462 pages. 7 50

MACHARD.

Prairies artificielles (Essai sur les) : Luzerne, Trèfle ordinaire, Trèfle printanier, et Sainfoin ou Esparcette; par Machard In-18. . 1 »

MAGNIER.

Avenir de l'agriculture par l'enseignement agricole; par Magnier. 1 brochure. 0 40

MARTINELLI.

Comices (Appel aux); par J. Martinelli 32 pages in-8. . . 0 50

MÉHEUST (P).

Economie rurale de la Bretagne; par P. Méheust. 1 vol. in-18 de 220 pages. 2 50

Économie rurale (Leçons publiques d'); par Méheust. 1 vol. in-18 de 68 pages. . . . . 1 »

MESNIL MARIGNY (DU).

Céréales et la douane (Les); par du Mesnil Marigny, 1 vol. in-18 de 260 pages. . . . . 3 »

MOLL.

Inondations (Moyens de réparer les ravages des); par Moll professeur d'agriculture au Conservatoire. 10 pages in-4. . . . 0 50

PAPIER.

Tabacs en Algérie (Question des); par Papier. In-8 de 88 p. 2 »

PATÉ (J.-B.).

Mes revers et mes succès en agriculture, 1 volume in-8 de 126 pages. 2 »

PETIT-LAFFITTE.

Tabac (Culture du); par Petit-Laffitte. 104 pages in-12. . 2 »

RANCY (EDMOND DE GRANGES DE).

Comptabilité agricole (Traité de); par Edm. de Rancy, 2e édition. 1 vol. in-8o de 296 pages . . . .

REGISTRES.

Registres de comptabilité.

La main de 24 feuilles in-folio avec couverture. . . . 2 50
— in-quarto — 1 25

RÉUNIONS, etc.

Réunions territoriales, création de chemins d'exploitation. Étude sur le morcellement en Lorraine; par F. P. 48 pages in-8.. . . 0 75

RIGAUT.

Statistique agricole du Canton de Wissembourg; par Rigaut, juge au tribunal de Wissembourg. 392 pages gr. in-4.. 15 »

Cet ouvrage a été couronné par la Société impériale et centrale d'Agriculture et par l'Académie nationale Agricole de Paris.

ROCHUSSEN.

Culture et fécondation artificielle des céréales, système Hooïbrenk; par Rochussen. 1 vol. in-8 de 54 pages, avec 3 planches. 1 50

RONDEAU.

Crédit agricole (Projet de); par Rondeau, ancien représentant du peuple. 1 vol. in-18 de 236 pages. . . . . 2 »

ROYER

Allemande (L'Agriculture), ses écoles, son organisation, ses mœurs et ses pratiques; par Royer, inspecteur général de l'agriculture. 1 vol. grand in-8 de 542 pages. 7 50

Statistique agricole de la France en 1843; par Royer. 1 vol. in-8o de 304 pages . . . . 5 »

SAINT-AIGNAN.

Crise agricole (La), prise de loin et vue de haut; par le Cte de Saint-Aignan, membre de la Société impériale d'acclimatation. 1 »

SAINTOIN-LEROY.

Comptabilité agricole (Cours complet); par Saintoin-Leroy.

1° *Manuel de comptabilité agricole pratique*, en partie simple et en partie double, seconde édition, avec modèle des écritures d'une exploitation rurale pour une année entière. 1 volume grand in-8 et tableaux, de 176 pages. . . . . . 3 »

2° *Comptabilité-matières de l'agriculteur*, Complément du *Manuel de comptabilité agricole pratique*, suivie du *Livre du travail*, et d'une *Méthode abrégée de tenue des livres agricoles en partie simple*. 1 volume grand in-8° de 144 pages, avec nombreux tableaux. . . . . 4 »

3° *Comptabilité simplifiée, agricole et commerciale*, mise à la portée de la moyenne et de la petite culture, suivie de la Comptabilité spéciale des marchands et des artisans, à l'usage des écoles primaires de garçons et de filles. 1 volume grand in-8° et tableaux, de 96 pages. . . . . 2 »

Registres pour la grande et la moyenne culture.

Registre-Mémorial de l'Agriculteur (comptabilité-matières), réunion de tous les tableaux nécessaires à la constatation de tous les faits d'une exploitation rurale. 1 volume grand in-4° oblong. . . . . 3 »
Livre de caisse (comptabilité-espèces), registre en tableaux. 1 volume grand in-4° oblong. 2 50
Journal, registre en blanc réglé et folioté. 1 volume grand in-4° oblong. . . 3 »
Grand-Livre, registre en blanc réglé et folioté, 1 vol. gr. in-4° oblong. . . 4 »

On peut joindre à ces registres des cahiers quadrillés pour la constatation journalière des travaux de main-d'œuvre, des attelages et de la nourriture du personnel.

1° Cahier quadrillé avec instructions et modèles de tableaux. 1 volume petit in-4° oblong. . . . . 2 »
2° Cahier simplement quadrillé. 1 vol. petit in-4° oblong. 1 25
Agenda de poche du Cultivateur, petit cahier à joindre à tous les Agendas usuels, de 36 pages, format in-18 ; prix des dix exemplaires. 1 50

Registres pour la comptabilité simplifiée.

Registre unique du Cultivateur pour l'application de la Comptabilité simplifiée. 1 volume petit in-4° oblong, de 100 pages. . . . . 2 »
Le même, moins fort, pour les écoles. . . . . » 60
Livre de caisse des Marchands. 1 vol. petit in-4° oblong. . . . . 2 »
Livre de Caisse des Artisans. 1 vol. petit in-4° oblong. . . . . 2 »

Chaque volume ou registre peut se vendre séparément.

SCHWERZ.

Agriculteur commençant (Manuel de l'), par Schwerz, traduit par Villeroy (Bibl. du Cultiv.). 5e édit. 332 pages. 1 25

SERS (Louis).

Enquête agricole (l') dans le département des Basses-Pyrénées, en 1866, par Louis Sers, 1 vol. in-8 de 93 pages. 2 50

STOCKHARDT.

Ferme (La), Guide du jeune Fermier ; par Stockhardt. 2 vol. in-18, formant ensemble 616 pages. . . . . 7 »

VIGNERAL (DE).

Agriculture (Manuel populaire d') à l'usage des cultivateurs d'Argentan ; par de Vigneral. 92 pages in-8. . . . . 1 25

VILMORIN.

Sorgho sucré et Igname de Chine ; par Vilmorin. 8 pages. 0 25

YOUNG (Arthur).

Voyages en France pendant les années 1787, 1788, 1789 ; par Arthur Young, traduit par Lesage. 2 vol. in-18. . 7 »

AMENDEMENTS — ENGRAIS — CHIMIE — PHYSIQUE

BOBIERRE.

Atmosphère (L'), le sol, les engrais, par Bobierre. 1 vol. in-12 de 632 pages. 5 »

Noir animal (Le). Analyse, emploi, vente ; par BOBIERRE (Bib. du Cultiv.), 156 p. et 7 grav. 1 25

BORTIER.

Coquilles animalisées, leur emploi en agriculture, par Bortier. . 1 »

CARTIER (J.).

Sels alcalins (de l'emploi des) en agriculture, par J. Cartier, ingénieur civil. 1 vol. in-8 de 133 pages . . . . 2 »

COMPOSTS, etc.

Composts, fumiers, plâtre (Notice sur les), employés comme engrais. . . . . » 50

FOUQUET.

Fumiers de ferme et composts; par Fouquet (Bibl. du Cultiv.) 2e édit., 176 p. et 19 grav. 1 25

JAUFFRET.

Nouvelle Méthode pour la fabrication économique des engrais; par Pierre J. Jauffret. 1 br. in-8o de 56 p. et 1 pl. . . 3 »

HEUZÉ.

Fumures (Formules des); par G. Heuzé. 1 brochure in-8 de 12 pages. . . . . 1 »

Matières fertilisantes; par HEUZÉ. 4e édition. 1 vol. in-8o de 708 pages. . . . . 9 »

LEFOUR.

Sol et engrais, par Lefour (Bibl. du Cultiv.), 180 p. et 54 gr. 1 25

MASURE.

Marne et chaux employées en agriculture (Mémoire sur les avantages comparés), par Masure. 1 brochure in-8o de 108 pages. 1 50

OKORSKI.

Désinfection des villes. Engrais complet dit engrais atmosphérique; par Okorski. 1 brochure in-8, de 24 pages et 3 tableaux. 1 »

PETIT-LAFFITTE.

Études de terres arables; par Petit-Laffitte. 1 vol. in-18 de 160 pages. 1 50

PIÉRARD.

Chaux (La), son emploi en agriculture; par Piérard, ingénieur en chef des mines. 36 pages in-12. . . . . 0 75

PIERRE.

Chimie agricole; par Isidore Pierre, professeur de chimie à la Faculté de Caen. 4e édition. 1 vol. in-12 de 560 pages et 23 grav. 4 »

PUVIS.

Amendements (Traité des), par Puvis; 1 volume in-18 de 440 pages 3 50

RONNA (A.).

Phosphates de chaux (Fabrication et emploi des), en Angleterre; par A. Ronna, ingénieur. 1 vol. in-18° de 162 pages. . . . . . 1 »

Utilisation des eaux d'égout, en Angleterre, Londres et Paris, par A. Ronna, ingénieur. 1 vol. in-8 de 132 pages et 5 grandes planches . . . . 6 »

SACC.

Chimie agricole (Précis élémentaire de); par le docteur Sacc. 2e édition. 1 vol. in-12 de 454 pages et 3 gravures 3 50

STOCKHARDT.

Chimie usuelle appliquée à l'agriculture et à l'industrie, par Stockhardt, traduite par Brustlein. 1 volume in-18 de 524 pages et 225 gravures. 4 50

DRAINAGE --- IRRIGATION --- ÉTANGS --- PISCICULTURE

BARRAL.

Drainage des terres arables; par Barral. 2e édition. 2 vol. in-12 formant ensemble 960 pages et contenant 443 grav. et 9 pl.. 7 »

Irrigations, engrais liquides et améliorations foncières permanentes; par Barral. 1 v. in-12 de 790 p. et 120 gr.. 7 50

Législation du drainage, des irrigations et autres améliorations foncières permanentes; par Barral. 1 vol. in-12 de 664 pages. . 7 50

BENOIT.

Drainage (Système de); par Benoit. In-8, 24 pages et une pl. 1 »

DELACROIX.

Drainage (Faits de), débit des terres drainées, position des plans d'eau souterrains; par Delacroix. 84 pages in-18 et 4 gravures. 1 25

DALLOZ.

Irrigations (Code des), suivi des rapports de MM. Dalloz et Passy, et de la législation étrangère; par Bertin, avocat, rédacteur en chef du journal le *Droit*. 1 vol. in-8 de 182 pages.. . . . . 3 »

JEANDEL.

Inondations (Études expérimentales sur les); par Jeandel, ancien élève de l'École forestière. 1 vol. in-8 de 146 pages. . . 2 50

JOIGNEAUX.

Pisciculture et Culture des eaux; par Joigneaux. 1 vol. in-18 de 360 pages et 61 gravures. Prix. 3 50

PRINCIPAUX CHAPITRES

Poissons d'eau douce et d'ornement.	Crevettes.
Poissons de mer acclimatables en eau douce.	Huîtres et moules.
Récolte des poissons.	Echinodernes.
Écrevisses.	Tortues de mer.
Homard et langoustes.	Sangsues.
	Code de la pêche fluviale.

LAMBOT-MIRAVAL.

Montagnes (Moyens de les reverdir par l'irrigation et de prévenir les inondations); par Lambot-Miraval. 66 pages . 2 »

LECLERC.

Drainage (Traité pratique de); par Leclerc, ingénieur, chef du service du Drainage en Belgique. 1 vol. in-12 de 424 p., 130 gr. 3 50

MARTRES.

Drainage appliqué à l'agriculture des landes; par Martres. 70 p. . 1 »

MIDY.

Drainage (Le) et l'Irrigation; par Midy. 25 pages in-8.... 0 50

MONNY DE MORNAY.

Irrigations en Italie et en Allemagne (Législation des); par Monny de Mornay, chef de la division de l'agriculture au ministère de l'Agriculture. 1 vol. in-8 de 166 pages. 3 50

MOULS.

Huîtres (Les); par l'abbé L. Mouls, curé d'Arcachon. 1 v. in-18. 1 25

NIVIÈRE.

Drainage (Moyen d'obtenir du) tout son effet utile; par Nivière, ancien directeur de l'école de la Saulsaie. In-12 de 36 pages.... 0 75

PELLAULT.

Irrigations. Commentaire de la Loi du 29 avril 1845; par Henri Pellault, docteur en droit. In-12 de 374 pages. 3 50

SERS.

Irrigation dans les contrées montagneuses, par Sers. Une brochure in-8 de 24 pages. 0 75

THACKERAY.

Drainage (Philosophie et Art du); par Thackeray. 96 p. 2 50

VIGNOTTI.

Irrigations du Piémont et de Lombardie; par Vignotti. 1 vol. in-18 de 94 pages . . . . » 75

VIREBENT.

Drainage rendu facile; par Virebent, 40 p. in-8 et 3 planches. 1 25

CONSTRUCTIONS — INSTRUMENTS — ARTS AGRICOLES.

BONA.

Constructions rurales (**Manuel des**); par Bona. 3e édition. 1 vol. in-18 de 296 pages. 3 50

CASANOVA.

Charrue (**Manuel de la**), par Casanova. 1 vol. in-18 de 176 pages et 83 gravures. 1 75

DAMEY.

Machines à battre (**Le conducteur de**); par Damey 1 vol. in-18 de 108 pages. 1 50

KERGORLAY (DE).

Ferme de Canisy; par de Kergorlay, 24 p. in-4 et 52 grav. 1 »

LEFOUR.

Constructions et mécaniques agricoles, par Lefour (Bibl. du Cultiv.). 216 p. 151 gr. 1 25

MACHINES, etc.

Machines à moissonner. Rapport du jury sur le Concours de 1859. 64 pages grand in-8, 34 gravures. . . . . 1 »

PEPIN.

Labourage à vapeur, par Pepin-Lehalleur. . . . . » 50

PIOT.

Meulerie et Meunerie; par Piot. 1 vol. in-8 de 370 pages et 12 planches. . . . . 12 »

PLANET.

Machines à battre (**La vérité sur les**); par de Planet. 1 vol. in-18 de 256 pages. . . . . 2 »

SAINT-MARTIN.

Chemins ruraux (des); par Saint-Martin, 1 brochure in-8, de 60 pages. . . . . 2 »

ANIMAUX DOMESTIQUES — MÉDECINE VÉTÉRINAIRE.

BORIE (Victor).

Animaux de la Ferme; par Victor Borie — ESPÈCE BOVINE en cours de publication, forme vingt livraisons. Chaque livraison renferme 2 ou 3 aquarelles et 16 pages de texte grand in-4°, édition de luxe. Douze livraisons sont en vente :

Race Flamande,
— *Normande,*
— *Bretonne,*
— *Parthenaise,*
— *Charolaise,*
— *Limousine et Mancelle,*
Race Comtoise,
— *Salers, d'Aubrac et du Mezenc.*
— *Garonnaise.*
— *Bazadaise et Landaise.*
— *Gasconne et du Gévaudan.*
— *Barétoune et Béarnaise.*

Le prix d'une livraison prise séparément est de 5 fr. Le prix des 20 livraisons sera de . . . . 80 »

DAIGNAUD.

Race bovine du Limousin (Amélioration de la); par Daignaud. 1 vol. in-18 de 106 pages. 1 50

DAMPIERRE (DE).

Races bovines, par Dampierre (Bibl. du Cultiv.), 2e édit. 196 p., et 28 grav. 1 25

DELAFOND.

Typhus de l'espèce bovine; par Delafond, professeur à l'École vétérinaire d'Alfort. 20 pages in-8 et 5 gravures. 0 75

FLAXLAND (J.-F.).

Etudes sur l'élevage, l'entretien et l'amélioration de la race bovine en Alsace. 124 p. in-8. . . . . 2 »

GAYOT.

Bétail gras (Le) et les Concours d'Animaux de boucherie; par Eugène Gayot. 1 vol. in-8 de 204 pages. 3 50

Cheval (Achat du), par Gayot (Bibl. du Cultiv.). 1 vol. de 216 p. et 25 grav. 1 25

Chevaline (La France); par Eug. Gayot, ancien directeur des haras. 1re partie : *Institutions hippiques*, contenant l'histoire de l'administration des haras, étalons approuvés et autorisés, étalons départementaux, primes à la production et à l'élève; courses au trot, au galop; steeple-chasses. 4 vol. in-8 . . . . 26 »
2e partie : *Etudes hippologiques* traitant de toutes les questions de science qui aboutissent à la production et à l'élève des chevaux. Étude physiologique de toutes les races du pays et de leurs transformations. 4 vol. 26 »

Lièvres, Lapins et Léporides, par Eug. Gayot (Bibl. du Cultiv.) 216 p. et 16 grav. 1 25

Poules et Œufs, par E. Gayot (Bibl. du Cultiv.). 1 vol. de 216 p.

Sportsman (Guide du) ou traité de l'entraînement; 1 vol in-18 de 376 pages avec 12 gravures par Eug. Gayot, 4e édition . . 3 50

GEOFFROY SAINT-HILAIRE.

Animaux utiles (Acclimatation et Domestication des); par I. Geoffroy Saint-Hilaire. Président de la Société d'Acclimatation. 4e édition. 1 beau vol. in-8, de 534 pages et 47 gravures. . . . 9 »

GOUX.

Race bovine garonnaise, par Goux. 1 vol. in-8 de 80 pages 1 50

HAYS (DU).

Cheval percheron, par du Hays (Bibl. du Cultiv.). 1 vol. de 176 pages. 1 25

Merlerault (le), ses herbages, ses éleveurs, ses chevaux, par Charles du Hays. 1 vol. in-18 de 182 pages. . . . . 3 »

HEUZÉ (G.).

Porc (Le), par Gustave Heuzé, membre de la Société impériale et centrale d'agriculture de France. 1 vol. in-12 de 334 pages avec 56 grav. 3 50

JACQUE (Ch.).

Poulailler (Le); par Ch. Jacque. 2e édit. 1 vol. in-12 et 120 grav. 3 50

Cet ouvrage est divisé en sept parties : 1° Aménagement, 2° Incubation, élevage et alimentation, 3° Races françaises et étrangères, 4° Croisement, 5° Engraissement, 6° Maladies, 7° Utilisation et commerce des produits.

JUILLET.

Chevaline (Émancipation de l'industrie); par Juillet. 1 brochure in-8 de 48 pages. . . . . 1 fr. 50

LAMORICIÈRE (général de).

Chevaline (De l'Espèce) en France; par le général de Lamoricière. 1 vol. in-4 de 312 pages et 3 cartes coloriées. 3 50

LEFOUR.

Animaux domestiques, par Lefour (Bibl. du Cultiv.). 1 vol. in-18 de 162 pages et 57 gr. 1 25

Cheval, Ane et Mulet, par Lefour (Bibl. du Cultiv.). 1 vol. de 182 pages et 300 gravures. 1 25

Mouton (Le); par Lefour. ancien inspecteur général de l'agriculture. 1 vol. in-18 de 390 pages et 76 gravures. . . . . 3 fr. 50

Caractères zoologiques du mouton.	Alimentation du mouton.
Mouflon.	Entretien et nourriture.
Mouton domestique.	Utilisation du mouton.
Reproduction de l'espèce.	Maladies du mouton.

Race flamande; par Lefour. 1 vol. in-4 de 216 pages, avec 114 gravures noires et 4 planches coloriées. (Edition de l'Imprimerie impériale) . . . . 20 »

MAGNE.

Vaches laitières (Choix des), par Magne (Bibl. du Cultiv.). 144 pages et 39 gravures. 1 25

MILLET-ROBINET (madame).

Basse-cour, pigeons et lapins, par Mme Millet (Bibl. du Cultiv.). 4e édit. 180 pages et 31 gravures. 1 25

RAUCH.

Vétérinaires (**Nécessité d'encourager l'établissement des**) dans les campagnes. 36 pages in-18, par Rauch. 0 50

SAIVE (DE).

Inoculation du bétail, pour prévenir la péripneumonie; par le docteur de Saive. 100 pages in-8. . . . . 2 50

SANSON.

Bétail (**Economie du**), par Sanson. 4 vol. in-18 et plus de 150 gravures. Prix de chaque volume. 3 50

1er VOL. — Organisation et fonctions physiologiques, hygiène.
2e VOL. — Principes généraux de la zootechnie.
3e VOL. — Applications : Cheval, âne, mulet.
4e VOL. — Applications : Bœuf, mouton, chèvre, porc.

Chaque volume se vend séparément.
Les deux derniers volumes sont sous presse.

Médecine vétérinaire (Notions usuelles de), par Sanson (Bibl. du Cultiv.). 1 vol. de 180 pages. 1 25

SEGOUIN.

Lapins (**Nouveau Traité pratique de l'éducation des diverses espèces de**); par Segouin. 58 pages in-12. . . . . 0 50

TISSERAND.

Vaches laitières (**Guide des propriétaires dans le choix des**); par Eug. Tisserand. Deuxième édition, 1 vol. in-18 de 396 pages et 19 gravures. . . . . 4 »

VERHEYEN.

Médecine vétérinaire (**Manuel de**); par Verheyen. 2 vol. de 392 pages. 2 50

VIAL.

Engraissement du bœuf, par Vial (Bibl. du Cultiv.). 1 vol. in-18 de 180 pag. et 12 grav. 1 25

VILLEROY.

Bêtes à cornes, (Manuel de l'Eleveur de), par Villeroy (Bibl. du Cultiv.). 300 pages et 60 gravures. 1 25

Bêtes à laines (**Manuel de l'éleveur de**); par F. Villeroy, cultivateur au Rittershof (Bavière Rhénane). 1 vol. de 335 p. et 54 g. 3 50

Chevaux (**Manuel de l'éleveur de**) ; par Félix Villeroy. 2 vol. in-8, avec 121 gravures. (Types des principales races.) . . . . 12 »

ARBORICULTURE — HORTICULTURE — BOTANIQUE.

Almanach du Jardinier; par les rédacteurs de la *Maison Rustique.* 192 pages et 70 gravures. 0 50
Une nouvelle édition de cet Almanach est publiée chaque année.

ANDRÉ.

Plantes de terre de bruyère. Rhododendrons, Azalées, Camellias Bruyères, Ipacris, etc.; par Ed. André. 1 vol. in-18 de 388 pages avec 30 gravures. 3 50

BARON.

Arbres fruitiers (Nouveaux principes de la taille des), par Baron. 1 vol. in-8 de 142 pages et 23 gravures. 3 50

BENGY-PUYVALLÉE (de).

Pêcher (Culture du); par Bengy-Puyvallée, 2e édition. 1 volume in-18. . . . . 3 50

BERLÈSE.

Camellia; par l'abbé Berlèse, 3e édition, culture et description de 180 variétés nouvelles. 1 vol. in-8 de 340 pages. . . . . 5 »

BIBLIOTHÈQUE DU JARDINIER

Publiée avec le concours du ministre de l'Agriculture

12 volumes à 1 fr. 25 le volume

Arbres fruitiers. Taille et mise à fruit; par Puvis. 2e édition. 167 pages. 1 25

Asperge. Culture; par Loisel. 2e édit. 108 pag. et 8 grav. . . 1 25

Conférences sur le jardinage (légumes et fruits). 2e éd.; par Joigneaux. 152 pages. 1 25

Dahlia; par Pirolle. 1 vol. in-18 de 148 pages. 1 25

Jardins et parcs; par de Céris. 1 vol. in-18 avec 60 grav. 1 25

Melon. Culture, par Loisel. 5e édition. 108 pages et 7 grav. . 1 25

Pelargonium, par Thibault. 108 pages et 10 gravures. . . . 1 25

Pensée (Culture de la); par le baron de Ponsort. 1 volume de 108 pages. 1 25

Pépinières; par Carrière. 148 pages et 30 gravures. 1 25

Pétunia — Rosier — Pensée — Primevère — Auricule — Balsamine — Violette — Pivoine; par Marx-Lepelletier. 108 pages. 1 25

Plantes de serre froide; par de Puydt. 157 p. et 15 grav. 1 25

Potager (le), jardin du cultivateur; par Naudin. 187 p. 31 gr. 1 25

Chacun de ces volumes est vendu séparément.

BONCENNE.

Jardinage pour tous (Traité de); par Boncenne. 2e édition. 1 vol. in-12 de 440 pages. 2 50

Horticulture (cours élémentaire d'), par Boncenne. 2 vol. in-18, formant ensemble 312 pages avec 85 gravures (Bibl. des Ecoles rurales. 1 50

BON JARDINIER (le).

Bon Jardinier (Le); par POITEAU, VILMORIN, BAILLY, DECAISNE, NEUMANN, PÉPIN. 1,650 pages in-12. . . . . 7 »

PRINCIPAUX CHAPITRES DU BON JARDINIER

Calendrier du Jardinier.
Notions de botanique.
Chimie et physique horticoles.
Bâches, couches.
Serres, abris.
Multiplication des plantes.
Maladies, animaux nuisibles.
Arbres fruitiers et taille.
Plantes potagères.
— médicinales.
— de grande culture.
Division des plantes par famille.
Plantes de pleine terre.
Dictionnaire de toutes les plantes, arbres et arbustes connus jusqu'à ce jour avec leur description, le nom de la famille à laquelle ils appartiennent, l'époque des semis, de la floraison; leur culture et leur emploi dans les jardins.
Ce dictionnaire contient le nom vulgaire et scientifique de chaque plante.

Une nouvelle édition du *Bon Jardinier* est publiée chaque année.

Cet ouvrage a été couronné par la Société impériale d'horticulture.

Bon Jardinier (Gravures du), 22e édit. 1 vol. in-12 de 648 pag. avec 680 grav. et planches. . . . . 7 »

CONTENANT

1° Principes de botanique.
2° Principes de jardinage, manière de tailler, marcotter, greffer, disposer et former les arbres fruitiers.
3° Construction et chauffage des serres.
4° Instruments et outils de jardinage.
5° Composition et ornement des jardins.
6° Hydroplasie.

BOSSIN.

Reine-Marguerite et ses variétés; par Bossin. In-12 de 48 pag. 0 50

BRAVY.

Arbres fruitiers (Culture des); par Bravy. 2e édit. 86 p. in-12. 0 75

CARRIÈRE.

Arbre généalogique du groupe pêcher, 1 v. in-8 de 104 p. 3 »

Entretiens familiers sur l'horticulture; par Carrière. 1 vol. in-12 de 384 pages. 3 50

Jardinier-Multiplicateur (Guide pratique du) ou art de propager les végétaux par semis, boutures, greffes, etc., par E.-A. Carrière, 2e édition. 1 vol. in-18 de 416 pages et 85 gravures. . . 3 50

Pépinières, par Carrière (Bibl. du Jard.). 148 pages et 30 gr. 1 25

Production et fixation des variétés dans les végétaux, par Carrrière, 1 vol. in-8° à 2 colonnes de 72 pages avec 13 gravures sur bois et 2 planches coloriées. 2 50

CÉRIS (de).

Jardins et parcs, par de Céris (Bibl. du Jard.). 1 vol. in-18, avec 60 grav. 1 25

Dumas.

Culture maraîchère dans le midi de la France; par Dumas. 1 vol. in-18 de 120 pages. 1 25

Gaudry.

Arboriculture (Cours pratique d'); par Gaudry. 1 vol. in-12 de 304 pages. 2 25

Hardy.

Arbres fruitiers (Taille et Greffe des); par Hardy. 6e édit. 1 vol. in-8 et 122 grav. 5 50

Hérincq.

Plantes, Arbres et Arbustes (Manuel général des). Description et culture de 25,000 plantes indigènes d'Europe ou cultivées dans les serres; par MM. Hérincq et Jacques, ex-jardinier en chef du domaine royal de Neuilly, pour les trois premiers volumes, et Duchartre, pour le quatrième volume. — 4 vol. petit in-8 à 2 colonnes. . . . 36 »

Jacquin.

Melon (Monographie complète du); par Jacquin aîné. 1 vol. in-8 de 200 pages et 33 planches sur acier. Prix. . . . . 5 »

Jamin et Durand.

Catalogue raisonné des arbres fruitiers, cultivés chez Jamin et Durand 56 pages in-8. . . . . 1 50

Jardins, etc.

Jardins (Traité de la composition et de l'ornementation des). 6e édition. 2 vol. in-4 oblong avec 168 planches gravées. 25 »

P. Joigneaux.

Conférences sur le jardinage (légumes et fruits). 2e édit. par Joigneaux (Bibl. du Jard.); 152 pages. 1 25

PRINCIPAUX CHAPITRES

Le Potager. — Outillage du potager. — Arrangement du potager. — Engrais, labourage. — Choix, conservation et durée des graines. — Assolement, arrosage. — Repiquage ou transplantation. Culture forcée. — Maladies des plantes potagères. — Animaux nuisibles. — Insectes nuisibles et utiles. — Pratique du jardinage. — Description et culture de toutes les plantes potagères.

Le Jardin potager; par P. Joigneaux, ouvrage illustré de 95 dessins en couleur, intercalés dans le texte, 1 beau vol. in-18 de 442 pages. 6 »

Labouret.

Cactées (Monographie de la famille des); suivie d'un **Traité complet de culture** et d'une table alphabétique de toutes les espèces et variétés; par Labourét. 1 vol. in-12 de 732 pages. . 7 50

Cet ouvrage a été couronné par la Société impériale d'horticulture.

Lachaume.

Pêchers en espaliers (Conduite et taille des); par Lachaume. 1 vol. in-18 de 212 pages et 40 gravures . . . . 2 »

Poiriers et Pommiers (Méthode élémentaire pour tailler et conduire les), par Lachaume. 1 volume in-18 de 285 pages et 49 gravures. 2 50

LAHAYE.

Maladies organiques des arbres fruitiers, des causes et des moyens de les prévenir; par Lahaye. 1 br. in-8 de 44 pag. . 1 »

LEBOIS.

Chrysanthème (Culture du); par Lebois. 36 pages in-12. . 0 75

LECOQ.

Botanique populaire; par Henri Lecoq, professeur à la Faculté des sciences de Clermont-Ferrand. 1 vol. in-18 de 408 pag. et 215 gr. 3 50

PRINCIPAUX CHAPITRES DE LA BOTANIQUE POPULAIRE

Des végétaux en général.	Des feuilles et des stipules.
Des tissus.	Des organes accessoires.
De l'épiderme et des pores.	De la fleur et de ses accessoires.
De la tige.	Du fruit.
De la racine.	De la graine.
Des tubercules et des bourgeons.	

Fécondation naturelle et artificielle des végétaux et hybridation; par Henri Lecoq, 1 vol. in-8 de 428 pages, et 106 grav. . 7 50

LE MAOUT.

Flore élémentaire des Jardins et des Champs, avec des Clefs analytiques conduisant promptement à la détermination des Familles et des Genres, et un Vocabulaire des termes techniques; par Le Maout et Decaisne, de l'Institut, professeur de culture au Jardin des Plantes de Paris. 2 vol. petit in-8 de 940 pages. . . . . 9 »

LEROY (André).

Catalogue de André Leroy d'Angers. 1 vol. in-8 de 140 p. 1 »

LIRON (DE) D'AIROLLES.

Catalogue des arbres à fruits, cultivés dans les pépinières du CHARTREUX de Paris, en 1775. 1 brochure in-18 de 82 pages, publiée par de Liron d'Airolles. 2 »

Poiriers (Les) les plus précieux parmi ceux qui peuvent être cultivés à haute tige; par de Liron d'Airolles. 2e édit. 1 vol. in-8 avec pl. 2 »

LOISEL.

Asperge. Culture, par Loisel (Bibl. du Jard.). 2e édit. 108 pag. et 8 gravures. 1 25

Melon. Culture, par Loisel (Bibl. du Jard.). 5e édition. 108 pag. et 7 gravures. 1 25

MARX-LEPELLETIER.

Rosier — Violette — Pensée — Primevère — Auricule Balsamine — Pétunia — Pivoine, par Marx-Lepelletier. (Bibl. du Jard.) 108 pages. . . . . 3 »

MENET.

Arboriculture (Traité élémentaire et pratique d'); par Menet. 1 vol. in-8 de 78 pages et 17 planches.. . . . . . . 2 50

MOREL.

Orchidées (Culture des). Instructions sur leur récolte, expédition et mise en végétation, et liste descriptive de 550 espèces et variétés; par Morel, vice-président de la Société impériale d'horticulture. 1 v. 5

NAUDIN.

Potager (le), jardin du cultivateur; par Naudin (Bibl. du Jard.). 187 p. 31 gr. 1 25

Serres et Orangeries de plein air; par Ch. Naudin, 32 pages in-8. . . . . 0 75

NEUMANN.

Serres (Art de construire et de gouverner les); par Neumann. 1 volume in-4 oblong, renfermant 83 planches. . . . 7 »

NOISETTE.

Jardinier (Manuel complet du); par Louis Noisette. 4 vol. in-8 et un supplément formant ensemble 2710 pages et 25 planches. . 25 »

PIROLLE.

Dahlia, par Pirolle. (Bibl. du Jard.) 1 vol. in-18 de 148 pages. 1 25

PONSORT (DE).

Pensée (Culture de la), par le baron de Ponsort (Bibl. du Jard.) 1 vol. de 108 pages. 1 25

PRÉCLAIRE.

Arboriculture (Traité théorique et pratique d'); par Préclaire. 1 volume in-8° de 178 pages et 1 atlas in-4° de 15 planches. . 5 »

PUVIS.

Arbres fruitiers. Taille et mise à fruit; par Puvis. (Bibl. du Jard.) 2e édit. 167 pages. 1 25

PUYDT (DE).

Plantes de serre froide; par de Puydt (Bibl. du Jard.). 157 p. et 15 gravures. 1 52

RAFARIN.

Serres (Chauffage des); par Rafarin. 1 vol. in-8, 26 grav. 3 50

RAOUL.

Arboriculture (Manuel pratique d'); par l'abbé Raoul. 1 vol. in-18 de 264 pages et 10 gravures. 2 50

RÉMY.

Champignons et Truffes; par Jules Rémy. 1 vol. in-18 de 172 pages et 12 planches coloriées. . . . . 3 fr. 50

Jardinier des fenêtres (Le) des appartements et des petits jardins; par J. Rémy. 1 v. in-18 de 280 p. et 40 g. 4e éd. 3 50

ROBAUX.

Indicateur horticole à l'usage des amateurs et des jardiniers; par Robaux. Une brochure in-8. . . . . 1 »

ROBIN.

Végétaux (Rôle de l'oxygène dans la respiration et la vie des); par Edouard Robin. 60 pages in-8.. . . . . 1 50

THIBAULT.

Pelargonium, par Thibault (Bibl. du Jard.). 108 p. et 10 gr. 1 25

THORY.

Rosier (Prodrome de la Monographie du genre); par Thory. 1 volume in-12 de 190 pages. 1 25

VIGNE — BOISSONS — DISTILLATION — SUCRE.

CARRIÈRE.

Vigne (la); par Carrière, 1 vol. in-18 de 396 pages et 121 grav. 3 50

PRINCIPAUX CHAPITRES.

Multiplication de la vigne.	Restauration des vieilles vignes.
Culture et plantation.	Engrais, labours, soufrage.
Taille et conduite de la vigne.	Des cépages.

COLLIGNON D'ANCY.

Vigne. Nouveau mode de culture et d'échalassement; par Collignon d'Ancy. 1 vol. in-8 de 200 pages et 3 planches. . . . . 3 »

GARNIER.

Vigne (Théorie pour l'amélioration de la culture de la); par Garnier. 1 vol. in-8 de 192 pages . . . . 2 fr.

GUYOT (JULES).

Vigne (Culture de la) et Vinification; par le Dr Jules Guyot. 2e édit. 1 vol. in-12 de 426 pages et 30 gravures. . . . . 3 »

PRINCIPAUX CHAPITRES

Sols favorables à la vigne.	Vendange, égrappage.
Culture en lignes.	Sucrage des jus.
Taille-pinçage.	Cuvaison, pressurage.
Choix des cepages.	Vins mousseux.

Viticulture dans la Charente-Inférieure; par le docteur Guyot. 1 volume in-8 de 60 pages. 2 50

Viticulture dans l'est de la France; par le docteur Guyot. 1 vol. in-18 de 204 pages et 46 gravures. 3 50

Viticulture du sud-ouest de la France; par le docteur Guyot, 1 vol. in-8 de 248 pages et 89 gravures. 4 50

JOBARD-BUSSY.

Vigne (Perfectionnement de la plantation de la); par Jobard-Bussy, 1 vol. in-8 de 102 pages et 1 planche. 1 50

LALIMAN.

Vigne (Taille de la) à cordons; vignes et vins étrangers; par Laliman, 1 brochure in-8 de 52 pages. 1 25

LAVERGNE (DE).

Soufrage de la Vigne (Instruction pratique sur le), par de Lavergne. 1 vol. in-18 de 82 pages et une planche. 1 50

LEUSSE (DE).

Distillation agricole de la Pomme de terre, des Topinambours, etc., etc. par le comte de Leusse. 1 vol. in-18 de 154 pages. . . . . 2 »

MACHARD.

Vins (Traité pratique sur les); par Machard, 4e édition. 1 vol. in-18 de 359 pages. 3 50

MICHAUX (A.).

Échalas (Plus d'). Échalas, paisseaux et lattes remplacés par des lignes de fil de fer mobiles; par A. Michaux, de l'Institut. 18 p. et 1 pl. 0 40

ODART.

Ampélographie universelle, ou Traité des cépages les plus estimés; par le comte Odart. 5e édit. 1 vol. in-8 de 650 pag. 7 50

Vigneron (Manuel du); par le comte Odart. 3e édition. 1 vol. in-12 de 360 pages. 4 50

ROBINET (fils).

Vins (Manuel pratique et élémentaire d'analyse des); par Ed. Robinet fils. 1 vol. in-8 de 136 pages et 2 planches. 3 »

SEILLAN.

Vins du Gers; par Seillan. 11 pages in-4 et 1 carte. . . . . 1 »

TERREL DES CHÊNES.

Vins (Pourquoi nos) dégénèrent; par Terrel des Chênes. 1 brochure in-8 de 48 pages. 1

VIGNIAL.

Vigne (Hygiène de la); par Vignial. Moyen de lui rendre la santé sans le secours d'aucun remède. 1 br. in-8 de 16 p. et 3 pl. 1 »

ABEILLES — MURIERS — SOIE — VERS A SOIE.

BLAIN.

Ver à soie du chêne (Notice pratique pour servir à l'éducation du); par Blain. 1 brochure in-18 de 20 pages. . . 1 »

BOULLENOIS (DE).

Vers à soie (Conseils aux nouveaux éducateurs de); par Boullenois. 2e édit. 1 vol. in-8 de 224 pages et 2 planches. . . 3 50

BOYER et LABAUME.

Mûrier (Culture du); par Boyer et Labaume. 150 pages, 3 pl. 3 »

CHABOD.

Magnanerie (La Petite), ou Manuel de l'éducation pratique et raisonnée des vers à soie; par Chabod fils. 1 brochure in-18 de 48 pages 1 25

CHARREL.

Mûrier (Manuel du cultivateur de); par Charrel, pépiniériste, commissaire-instructeur à la culture du Mûrier, désigné par la Société d'agriculture de Grenoble. 1 vol. in-8 de 268 pages. . . 1 75

CHAVANNES (DE).

Mûrier. Manière de cultiver le Mûrier avec succès dans le centre de la France; par de Chavannes. 1 vol. in-8 de 130 pages. 1 25

DEBEAUVOYS.

Apiculteur (Guide de l'); par Debeauvoys. 6e édition, 1 vol. in-12 de 340 pages, avec figures. 2 50

DUSEIGNEUR.

Cocons et Graines d'Italie; par Duseigneur. 16 pag. in-8. 1 »

GIVELET.

Ailante et son bombyx (l'). Culture de l'ailante, éducation du ver que cet arbre nourrit, valeur et emploi de la soie qu'on en tire; par Henri Givelet. Ouvrage orné de plusieurs plans et de 14 planches coloriées. 10 »

GUÉRIN-MENNEVILLE.

Muscardine; par Guérin-Menneville. In-8 de 186 pages. . . 3 »

Vers à soie (Maladies et amélioration des races de); par Guérin-Menneville. 32 pages in-18. . . . . 1 »

PERSONNAT.

Ver à soie du chêne (Conférence sur le), (Bombyx, Yama-maï); par Camille Personnat, donnée au Palais de l'Industrie de Paris, le 28 août 1865 . . . . 1 »

Ver à soie du chêne (le), bombyx Yama-Maï; son histoire, son acclimatation, son éducation, ses produits; par Camille Personnat. 1 vol. in-8o avec 3 planches coloriées. . . . . 3 »

ROUX.

Vers à soie (les); par J.-F. Roux, 1 vol. in-12 de 245 pages. 1 25

SOCIÉTÉ SÉRICICOLE.

Société séricicole (Annales de la), pour la propagation et l'amélioration de l'industrie de la soie. 15 vol. grand in-8 et 15 planches. La collection complète. . . . . 175 »

BOIS — FORÊTS — CHARBON.

ARBOIS DE JUBAINVILLE.

Assolements forestiers (Utilité des); par d'Arbois de Jubainville. 1 brochure in-8o de 48 pages. . . . . 2 »

Balivage (Règlement du) dans une forêt particulière; par d'Arbois de Jubainville. 1 brochure in-8o de 64 pages. . . . . . 2 »

Défrichement des forêts (Manuel du); par d'Arbois de Jubainville, 1 vol. in-8o de 184 pages. 4 50

BURGER.

Chêne de marine (Principes de culture du); par Burger. 1 brochure in-8 de 64 pages. 1 50

Clavé.

Économie forestière (Études sur l'); par Jules Clavé. 1 vol. in-18 de 380 pages. 3 50

Courval (de).

Arbres forestiers (Conduite et taille des); par le vicomte de Courval. 1 brochure in-8 de 110 pages et 15 planches. . . . . . . 3 »

Dubois.

Charrue forestière, travaux de reboisement exécutés dans le Blésois; par Dubois. 1 brochure in-8 de 84 pages. . 2 fr.

Futaies de chêne (Considérations culturales sur les); par Dubois. 1 brochure in-8 de 42 pages. 1 50

Grandvaux.

Reboisement des montagnes de France; par Grandvaux. 1 vol. in-8 de 50 pages 0 75

Gurnaud.

Bois de l'Etat et la dette publique (Les); par Gurnaud. 1 brochure de 16 pages. 0 75

Forêts de l'État (Conserver les) et réaliser le matériel surabondant; par Gurnaud. 1 brochure in-8° de 64 pages . . . . . 2 »

Forêts (Mémoire sur la gestion des); par Gurnaud. 1 brochure in-8° de 32 pages. 1 50

Joubert.

Reboisement de la France (Du); par Joubert. In-8. . . 1 50

Moitrier.

Osier (Culture de l'); et art du Vannier; par Moitrier. 60 pages et 4 planches. . . . . 2 »

Nanquette.

Bois (Exploitation, débit et estimation des); par Nanquette, professeur d'économie forestière. 1 vol. in-8 de 420 pag. et 13 pl. 7 50

Ribbe (de).

Provence (La), au point de vue du bois, des torrents et des inondations; par de Ribbe. 1 vol. in-8 de 200 pages . . . . 3 »

Rousset.

Études de Maître Pierre sur l'agriculture et les forêts; par Antonin Rousset. 1 vol. in-18 de 92 pages. . . . . 1 »

Samanos.

Pin maritime (Culture du); par Eloi Samanos. 1 vol. in-8 de 150 pages et 4 planches. 5 »

Thomas.

Bois (Traité général de la culture et de l'exploitation des); par Thomas. 2 vol. in-8. . . . . 10 »

ÉCONOMIE DOMESTIQUE — CUISINE.

Bréviaire des Gastronomes. Aide-mémoire pour ordonner les repas. 1 vol. in-16 cartonné de 186 pages . . . . 2 »

Cuisinière de la campagne et de la ville (La); par L. E. A. 1 vol. in-12 avec figures. 42ᵉ édition. . . . . 3 »

Delamarre.

Vie (La) à bon marché; par Delamarre, député de la Somme. Le pain, la viande, les transports. 2ᵉ édit. 1 vol. in-12 de 708 pages. 3 50

Leclerc.

Caisse d'épargne et de prévoyance. Lettres à un jeune laboureur par Louis Leclerc. 3ᵉ édit. In-12 de 60 pages. 0 25

Millet-Robinet (Mme).

Bon Domestique (Le); par Mme Millet-Robinet. 1 v. in-12 de 204 p. 2 »

Conseils aux Jeunes Femmes; par Mme Millet-Robinet. 1 vol. in-18 de 284 pages et 30 gravures. . . . . 3 fr. 50

Economie domestique; par Mme Millet-Robinet (Bibl. du Cultiv.). 3ᵉ édit. 245 pages et 78 gravures. 1 25

Maison rustique des Dames; par Mme Millet-Robinet. 2 vol. in-12, avec 250 gravures. 6ᵉ édition. 7 75

Cet ouvrage est divisé en quatre parties :

Tenue du Ménage	Médecine domestique
Travaux — Repas. Comptabilité — Dépenses. Mobilier — Linge. Conserves — Blanchissage.	Pharmacie — Hygiène. Maladies des Enfants. Médecine et Chirurgie. Empoisonnement — Asphyxie.
Cuisine	**Jardin — Ferme**
Potages — Sauces. Viandes — Poissons — Gibier. Légumes — Fruits — Purées. Entremets — Desserts — Bonbons.	Jardins, Potagers, Fruitiers, Fleurs, etc. Ferme, Travaux des champs. Basse-cour, Vacherie, Laiterie. Bergerie, Porcherie.

Vacca (E).

Fromages dits de Géromé (Fabrication des); par M. Vacca, professeur de chimie. Brochure in-8°. 0 50

Villeroy.

Laiterie, Beurre et Fromages; par F. Villeroy. 1 vol. in-18 de 390 pages et 59 gravures. 3 50

Cet ouvrage est divisé en cinq parties :

Première partie
Production du lait, traite des vaches, rendement du lait, composition du lait, altérations et falsifications du lait.

Deuxième partie
Laiterie et ustensiles de laiterie.

Troisième partie
Richesse du lait en beurre, fabrication du beurre, barattes, conservation du beurre.

Quatrième partie
Fabrication du fromage en France et en Angleterre, détails de fabrication, conservation des fromages, fruitières.

Cinquième partie
Commerce du lait, du beurre et des fromages.

JOURNAUX. — PUBLICATIONS PÉRIODIQUES

GAZETTE DU VILLAGE

Publiée sous la direction de M. VICTOR BORIE

PARAISSANT TOUS LES DIMANCHES

Prix d'abonnement, rendu *franco* à domicile : un an. . . 6 fr.
— — six mois.. 3 fr. 50

10 centimes le numéro.

Ce journal, contenant 8 pages à deux colonnes, format des journaux littéraires illustrés, public, chaque semaine, des articles ayant pour but de mettre à la portée de toutes les intelligences les notions élémentaires d'économie rurale, les meilleures méthodes de culture, les inventions nouvelles ; de faire connaître les principales industries et les procédés employés par elles ; de populariser les voyages entrepris dans les contrées lointaines ; de raconter la vie des hommes utiles à l'humanité, et de tenir enfin les lecteurs au courant de tout ce qui se passe d'intéressant dans le monde industriel et agricole.

Il donne, en outre, un grand nombre de faits, recettes, procédés divers utiles aux cultivateurs et aux ouvriers.

Une partie du journal, consacrée aux *lectures du soir*, contient un roman choisi avec la sollicitude la plus scrupuleuse.

Instruire et moraliser sans ennui, tel est le programme de la *Gazette du Village*.

En vente :
- 1re année 1864. . . . . 4 »
- 2e — 1865. . . . . 4 »
- 3e — 1866. . . . . 4 »

On s'abonne à Paris, rue Jacob 26, en envoyant un mandat de SIX francs sur la Poste. (Les frais de ce mandat ne sont que de 6 centimes.)

31e ANNÉE — 1867

JOURNAL

D'AGRICULTURE PRATIQUE

MONITEUR DES COMICES, DES PROPRIÉTAIRES ET DES FERMIERS

(Seconde partie de la *Maison rustique du dix-neuvième siècle.*)

Fondé en 1837 par Alexandre Bixio

Rédacteur en chef : M. E. LECOUTEUX

Propriétaire-Agriculteur

MEMBRE DE LA SOCIÉTÉ IMPÉRIALE ET CENTRALE D'AGRICULTURE DE FRANCE

SECRÉTAIRES DE LA RÉDACTION :

M. Maurice BIXIO. — M. A. de CÉRIS.

PRINCIPAUX COLLABORATEURS :

MM. Boussingault, Brongniart, Combes, H. Deville, Duchartre, Dumas, Michel-Chevalier, Naudin, Payen, Wolowski, etc.,
membres de l'Institut.

MM. Amédée Durand, Béhague (de), Bella, Borie, Bouchardat, Dampierre Gayot, Guérin, Menneville, Heuzé, Kergorlay (de), Magne, Moll, Monny de Mornay (de), Nadault de Buffon, Reynal, Robinet, Vibraye (de), Vogué (de), etc.,
membres de la Société impériale et centrale d'agriculture;

Et un nombre considérable d'agriculteurs, de savants, d'économistes, d'agronomes de toutes les parties de la France et de l'étranger.

Paraissant toutes les semaines

Par livraison de 40 pages in-8°.

FORMANT CHAQUE ANNÉE

DEUX BEAUX VOLUMES ENSEMBLE DE 1,700 PAGES

Avec de belles gravures noires dans le texte

PRIX DE L'ABONNEMENT POUR LA FRANCE ET L'ALGÉRIE :

Pour un an.	20 fr. »
Pour six mois. . .	10 50
Pour trois mois. .	6 »

On souscrit en envoyant à l'Administration du Journal, 26, rue Jacob, le prix de l'abonnement en un mandat sur la poste dont la souche sert de quittance, ou en timbres-poste, en envoyant comme compensation de la perte subie par l'Administration pour l'échange contre espèces, quatre timbres-poste de 20 centimes pour l'abonnement d'un an, et un timbre de 20 centimes pour chaque trois mois : soit pour un an 20 fr. 80 c. en timbres-poste, et pour trois mois 6 fr. 20. La quittance du Journal est envoyée à la réception des timbres-poste.

On souscrit encore en avisant l'Administration de faire traite pour la somme de 20 fr. 90 c. pour un abonnement d'un an ; de 11 fr. 40 c. pour six mois, et de 6 fr. 90 c. pour trois mois.

PRIX DE L'ABONNEMENT D'UN AN POUR L'ÉTRANGER :

Franco jusqu'à destination.		*Franco jusqu'à leur frontière.*	
Italie, — Belgique et Suisse..	20 fr.	Portugal.	22 fr.
Angleterre, — Egypte, — Espagne, — Pays-Bas, — Turquie. .	25	Grèce.	25
Allemagne, — Autriche. . .	27	Suède.	27
Colonies françaises, — Montevideo, Uruguay.	29	Pologne, — Russie.	27
Etats pontificaux.	25	Buenos-Ayres, — Canada, — Colonies anglaises et espagnoles, — Etats-Unis, — Mexique. .	30
Brésil, — Iles Ioniennes, — Moldo-Valachie.	32	Bolivie, Chili, Nouvelle-Grenade, Pérou, — Java.	31

N. B. L'administration envoie un numéro spécimen du *Journal d'agriculture pratique* à toute personne qui lui en fait la demande.

39e ANNÉE. — 1867.

REVUE
HORTICOLE

JOURNAL D'HORTICULTURE PRATIQUE

FONDÉ EN 1829 PAR LES AUTEURS DU BON JARDINIER

Rédacteur en chef : M. CARRIÈRE

Chef des pépinières au Muséum d'histoire naturelle

PRINCIPAUX COLLABORATEURS : MM.

D'Airolles, André, Bailly, Baltet, Boncenne, Bossin, Bouscasse, Carbou, Chabert, Chauvelot, Denis, De la Roy, Doumet, Du Breuil, Durupt, Ermens, Gagnaire, Glady, Gloede, Groenland, Guillier, Hardy, Houllet, Kolb, Lachaume, De Lambertye, Lecoq, Lemaire, André Leroy, Martins, de Mortillet, Naudin, Neumann, D'Ornous, Pépin, Quetier, Rafarin, Sisley, Verlot, Vilmorin, etc.

Prix de l'abonnement pour la France et l'Algérie :

Pour un an	20 fr.
Pour six mois	10 » 50 c.

On souscrit en envoyant à la *Librairie agricole*, 26, rue Jacob, le prix de l'abonnement en un mandat sur la poste dont la souche sert de quittance, ou en timbres-poste, en envoyant comme compensation de la perte subie par l'Administration pour l'échange contre espèces, quatre timbres-postes de 20 centimes, pour l'abonnement d'un an, et un timbre de 40 centimes pour six mois : soit pour un an 20 fr. 80 c. en timbres-poste, et pour six mois, 10 fr. 90. La quittance du Journal est envoyée à la réception des timbres-poste.

On souscrit encore en avisant l'administration de faire traite pour la somme de 20 fr. 80 c. pour un abonnement d'un an ; et de 11 fr. 40 c. pour six mois.

PRIX DE L'ABONNEMENT. — UN AN (Janvier à Décembre) : 20 fr.

France jusqu'à destination.		*Franco jusqu'à leur frontière.*	
Italie, Belgique et Suisse. . .	20 fr.	Portugal.	22 fr.
Angleterre, Égypte, Espagne, Pays-Bas, Turquie. . . .	25	Grèce	25
Allemagne, Autriche. . . .	27	Suède	34
Colonies françaises, Montevideo, Uruguay.	29	Pologne, Russie	30
États pontificaux.	25	Buenos-Ayres, Canada, Colonies anglaises et espagnoles, États-Unis, Mexique	29
Brésil, Iles Ioniennes, Moldo-Valachie.	32	Bolivie, Chili, Nouvelle-Grenade, Pérou. Java.	34

N. B. — *La librairie agricole* envoie un numéro spécimen de la *Revue horticole* à toute personne qui lui en fait la demande.

BIBLIOTHÈQUES

Bibliothèque des Écoles rurales. — Bibliothèque du Cultivateur. — Bibliothèque du Jardinier.

BIBLIOTHÈQUE DES ÉCOLES RURALES

A 0,75 centimes le volume.

JEUDIS (LES) de M. DULAURIER; par Victor Borie. 2 vol. in-18 de chacun 126 pages et 40 grav. . . . . 1 fr. 50

PREMIER VOLUME

Différentes espèces de terre, amendements, fumiers, drainage, irrigations, jachère, organisation des plantes, chimie agricole, échenillage, animaux utiles et animaux nuisibles, les fourrages, les labours, les instruments agricoles, etc.

SECOND VOLUME

Assolement, semailles, semoirs, le blé, la mouture, la farine, les moulins, les rivières, les poissons. Culture du seigle, de l'orge et de l'avoine, des betteraves, des prairies, de plantes industrielles, moisson, fenaison, etc.

HORTICULTURE (COURS ÉLÉMENTAIRE D'); par Boncenne. 2 vol. in-18, formant ensemble 312 pages avec 85 grav. . . . . 1 fr. 50

PREMIÈRE ANNÉE : Organique des végétaux, culture potagère, culture des fleurs. 1 vol. in-12 de 152 pages et 48 gravures.

DEUXIÈME ANNÉE : Organisation des végétaux ligneux, pépinières, multiplication, plantations, taille des arbres à fruits, culture de la vigne, 1 vol. in-12 de 160 pages et 34 gravures.

Chacun de ces volumes est vendu séparément. . . . 0 75

HISTOIRE DE FRANCE. Simples récits à l'usage des classes élémentaires des lycées, de l'enseignement secondaire spécial, des écoles primaires supérieures; par G. Ducoudray. 1 vol. in-18 de 184 pages, avec 36 gravures coloriées hors texte. 1 50

Cet ouvrage a été admis par la commission des bibliothèques scolaires.

Le même ouvrage, cartonné. 1 75
— — toile rouge. . . . . 2 »

BIBLIOTHÈQUE DU CULTIVATEUR

Publiée avec le concours du ministre de l'agriculture

25 volumes in-18 à 1 fr. 25 le volume

AGRICULTEUR COMMENÇANT (Manuel de l'); par Schwerz, traduit par Villeroy. 5e édit., 332 pages. 1 25
ANIMAUX DOMESTIQUES; par Lefour. 1 vol. in-18 de 162 pages et 57 gr. 1 25
BASSE-COUR, PIGEONS ET LAPINS; par Mme Millet. 5e éd. 180 p. 31 g. 1 25
BÊTES A CORNES (Manuel de l'Éleveur de); par Villeroy. 300 pages et 60 gravures. 1 25
CHAMPS ET PRÉS (Les); par Joigneaux, 140 pages 1 25
CHEVAL (Achat du); par Gayot. 1 vol. de 180 pages et 25 gr. 1 25
CHEVAL, ANE ET MULET; par Lefour. 1 vol. de 176 pages et 102 grav. 1 25
CHEVAL PERCHERON; par Du Hays. 176 pages 1 25
CHOUX, Culture et Emploi; par Joigneaux. 1 vol. in-18 de 180 p. et 14 gr. 1 25
COMPTABILITE ET GEOMETRIE AGRICOLES; par Lefour. 214 p. et 104 g. 1 25
CONSTRUCTIONS ET MECANIQUES AGRICOLES; par Lefour, 216 p. 151 g. 1 25
CULTURE GENERALE ET INSTRUMENTS ARATOIRES; par Lefour. 1 vol. in-18 de 160 pages et 132 gravures. 1 25
ECONOMIE DOMESTIQUE; par Mme Millet. 3e édit. 245 p. et 78 gr. 1 25
ENGRAISSEMENT DU BŒUF; par Vial. 1 vol. in-18 de 180 pag. et 12 grav. 1 25
FERMAGE (estimation, plan d'amélioration, baux); par de Gasparin, membre de l'Institut, ancien ministre de l'Agriculture. 3e édit., 216 pages. . 1 25
FUMIERS DE FERME ET COMPOSTS; par Fouquet. 2e édit., 200 p. et 19 grav. 1 25
HOUBLON; par Erath, traduit par Nicklès. 136 pages et 22 gravures. . . 1 25
LIEVRES, LAPINS ET LEPORIDES; par Eug. Gayot. 216 pag. et 15 grav. 1 25
MÉDECINE VÉTÉRINAIRE (Notions usuelles de); par Sanson. 1 vol. de 180 p. 1 25
METAYAGE (contrat, effets, améliorations); par de Gasparin. 2e édit. 166 p. 1 25
NOIR ANIMAL (Le). Analyse, emploi, vente; par Bobierre. 156 p. et 7 grav. 1 25
POULES ET ŒUFS; par E. Gayot. 1 vol. de 216 pages et 35 gr. 1 25
RACES BOVINES; par Dampierre. 2e édition, 196 pages et 28 gravures. . 1 25
SOL ET ENGRAIS; par Lefour. 180 pages et 54 gravures 1 25
TRAVAUX DES CHAMPS; par Victor Borie, 188 pages et 121 gravures . . 1 25
VACHES LAITIÈRES (Choix des); par Magne. 144 pages et 39 gravures. . . 1 25

BIBLIOTHÈQUE DU JARDINIER

Publiée avec le concours du ministre de l'agriculture

12 volumes in-12 à 1 fr. 25 le volume

ARBRES FRUITIERS. Taille et mise à fruit; par Puvis. 2e éd., 167 pages. . 1 25
ASPERGE. Culture; par Loisel. 2e édition. 108 pages et 8 gravures. . . . 1 25
CONFERENCES SUR LE JARDINAGE (LEGUMES ET FRUITS), 2e édit. par Joigneaux. 152 pages 1 25
DAHLIA; par Pirolle. 1 vol. in-18 de 148 pages. 1 25
JARDINS ET PARCS; par de Céris. 1 vol. in-18, avec 60 grav. . . 1 25
MELON, Culture; par Loisel. 5e édition. 108 pages et 7 gravures. . . . 1 25
PELARGONIUM; par Thibault. 108 pages et 10 gravures. 1 25
PENSÉE (Culture de la); par le baron de Ponsort. 1 vol. de 108 pages. 1 25
PEPINIÈRES; par Carrière. 148 pages et 30 gravures. 1 25
PÉTUNIA — ROSIER — PENSÉE — PRIMEVÈRE — AURICULE — BALSAMINE — VIOLETTE — PIVOINE; par Mary-Lepelletier. 108 pages. 1 25
PLANTES DE SERRE FROIDE; par de Puydt. 157 pages et 15 gravures. 1 25
POTAGER (LE), jardin du cultivateur; par Naudin, 187 pages et 31 grav. 1 25

Montereau. — Imprimerie Zanote.

www.ingramcontent.com/pod-product-compliance
Ingram Content Group UK Ltd.
Pitfield, Milton Keynes, MK11 3LW, UK
UKHW021054200726
13857UKWH00003B/914

9 782011 929860